中国元宝枫

生物学特性与栽培技术

王性炎 等 ▣ 著

中国林业出版社
China Forestry Publishing House

图书在版编目（CIP）数据

中国元宝枫生物学特性与栽培技术 ／ 王性炎等著．
—— 北京：中国林业出版社，2019.12
ISBN 978-7-5219-0390-4

Ⅰ．①中… Ⅱ．①王… Ⅲ．①元宝枫－栽培技术
Ⅳ．① S792.35

中国版本图书馆 CIP 数据核字（2019）第 274776 号

出 版 中国林业出版社（100009 北京市西城区德胜门内大街刘海胡同 7 号）
电 话 （010）83143549 http：www.forestry.gov.cn/lycb.html
发 行 中国林业出版社
印 刷 北京中科印刷有限公司
版 次 2019 年 12 月第 1 版
印 次 2019 年 12 月第 1 次
开 本 710mm×1000mm 1/16
印 张 13（彩插 32 面）
字 数 280 千字
定 价 65.00 元

中国元宝枫

生物学特性与栽培技术

编委会

主　任　王性炎

副主任　王高红　王姝清　李玲俐

编　委　张博勇　樊金拴　王拉岐

　　　　张　瑞　薛彦妮

著者名单

王性炎　王姝清　李艳菊　李玲俐

吕居娴　贾彩霞

中国国宝——元宝枫
——写在《中国元宝枫生物学特性与栽培技术》出版之际

元宝枫是中国特有的树种。

元宝枫为槭树科槭属植物，俗称枫树。在全球枫树这个家族中，约有200种，其中，中国是枫树种类最多的国家，有149种；日本有27种；加拿大10种；其他国家10多种。加拿大的枫树遍布全国，不仅以世界三大糖料木本植物——糖枫著称于世，而且因为枫树美丽的红叶和对加拿大的贡献，而成为加拿大国旗的图案和国家的象征。日本的枫树一直作为观赏树木培育，并达到了很高的技术水平。历史上，中国的枫树也是著名的红叶观赏树种，并留下了悠久灿烂的红叶文化，"停车坐爱枫林晚，霜叶红于二月花。"等盛赞枫树优美的诗句已流传了一千多年。

元宝枫是中国枫树中的一种。发现元宝枫这个国宝的，是因为中国有一位国宝级人物——原西北林学院院长、西北农林科技大学教授王性炎。他长期从事林产化学教学、科研工作，至今他研究、推广元宝枫已有近50年，被誉为"中国元宝枫第一人"和"中国元宝枫之父"。他为元宝枫这一国宝的发现和元宝枫产业发展作出了重大贡献。

　　20世纪六七十年代，我国食用植物油严重短缺。当时在西北农学院林学系任教的王性炎在对木本油料植物的分析比较中，发现元宝枫是一种优良的食用木本油料树种，食用元宝枫油无任何毒副作用。1971年1月，他和他的团队开始用土榨油坊榨取食用油，并用油粕生产酱油，获得成功，引起了陕西省委省政府和有关部门的重视。

　　20世纪90年代，在陕西省委省政府及有关部门的重视和支持下，王性炎教授主持承担了元宝枫开发利用"八五"（1991～1995）科技攻关课题，与西安医科大学药学系和西北轻工业学院协作攻关，对元宝枫丰产栽培技术、元宝枫果实化学成分、元宝枫单宁制药和纺织印染固色及元宝枫的药用开发进行了系统研究，取得了一系列重要基础性成果。特别是在对元宝枫油抗肿瘤作用的研究中发现，元宝枫油不仅对肿瘤细胞有显著的抑制作用，同时又能促进新的组织生长，对体细胞有修复作用。这对于开发出一种无任何毒副作用、高效的抗癌新药展示了新的希望。

　　1994年王性炎教授退休。1996年国家林业部、中国科学院批准王性炎教授主持的元宝枫丰产栽培及产业化技术"九五"（1996～2000）国家科技攻关课题，首次对元宝枫树叶的化学成分进行了系统分析。研究发现，元宝枫叶不仅含有全面的氨基酸组分、丰富的维生素、矿物元素和超氧化物歧化酶（SOD），还富含绿原酸、黄酮、强心甙等活性成分；元宝枫黄酮的药理实验研究也取得了新成果。同时，研究总结出播种苗、嫁接、平茬苗繁育技术，土肥水管理、病虫害防治技术，为人工林营造和丰产栽培提供了科学依据。

　　2005年9月，王性炎教授的研究论文《神经酸新资源——元宝枫油》在《中国油脂》发表，公布了元宝枫油含有5.8%神经酸的结果，引起国际科学界高度关注，美国当即邀请王性炎教授出席由美国化学学会在亚特兰大举行的国际会议。随后，美国、日本和欧洲一些国家

春风吹又生（武汉王建秋提供）

开始从中国进口元宝枫油。

2011年，国家卫生部批准元宝枫籽油为新资源食品。2017年，中国企业生产的元宝枫神经酸油、元宝枫茶、元宝枫咖啡三种产品获得了美国食品和药品管理局（FDA）批准的销售证书，并销售到美国、日本，欧洲等30多个国家。美国著名脑病专家、"人类脑计划"核心成员麦凯文博士称赞，"中国成功地从天然植物中研制出神经酸，开创了脑病科学史上的新纪元"。欧洲"脑的十年"联合专家委员会加德杨博士评价，"中国的口服神经酸是人类脑病医学史上划时代的杰出成果"。

元宝枫原产中国，王性炎教授一直在寻找元宝枫良种资源。2003年，70岁的王性炎教授到内蒙古自治区赤峰市翁牛特旗调研，行走7个小时深入科尔沁沙地，他惊喜地发现了我国仅存的面积最大的元宝枫天然林。这片天然林在降水量只有300毫米的条件下已生长了300年以上。这为我国在干旱沙区发展这一国宝树种提供了科学依据。为保护好这片元宝枫天然林，王性炎教授七次深入这片天然林，向国家林业局提出了加强保护这片宝贵的元宝枫天然林的建议，受到高度重视。

培育元宝枫资源是发展壮大元宝枫产业的基础，也是王性炎教授多年的心愿。近50年来，王性炎教授在潜心研究的同时，不断总结、宣传、推广元宝枫种植和培育技术，出版了一系列专著，悉心动员和指导企业开展元宝枫产品的加工利用。1996年他的《元宝枫开发利用》专著出版，1998年他的《元宝枫栽培与加工利用》专著出版，2013年他的《中国元宝枫》专著出版。在他的宣传推动和指导下，全国逐步扩展到60多家企业投入元宝枫产业发展，元宝枫已由12个天然分布省份扩展到包括云南、新疆在内的23个省份，全国元宝枫人工造林面积达到160多万亩。

元宝枫耐旱、耐寒、耐高温、耐瘠薄，酸性、中性、碱性土壤及海拔50～3000米均能生长，但不耐涝，不能在积水区域生长。在我国南北特别是沙区、黄土高原区、贫困地区可大面积推广。这一国宝的发掘利用，为我国发展生物医药保健品产业开创了一条新路，为人类战胜目前还没有攻克的癌症、帕金森、老年痴呆等多种疾病展示了新的希望，为贫困地区走上稳定脱贫致富之路开辟了新途径。

王性炎教授今年已87岁高龄，仍在为元宝枫产业发展奔波操劳，让我们万分感动。《中国元宝枫生物学特性与栽培技术》的出版，为中国国宝元宝枫知识的普及、资源培育技术推广提供了一部权威的教材，为造福中国人民、造福人类献上了一份珍品。

王性炎教授是一位伟大的科学家。衷心祝愿他健康长寿！衷心祝愿元宝枫产业兴旺发达！

2019 年 8 月

（作者为原国家林业局总工程师、元宝枫产业国家创新联盟理事长）

前　言

王性炎

　　元宝枫（*Acer truncatum*）是槭树科（Aceraceae）槭属（*Acer*）植物中的一种，是中国特有树种。在全世界近 200 种槭树属植物中，元宝枫是经济价值很高的一个树种。由于它树姿优美、叶形秀丽，春秋季多红叶，枝头挂满元宝果而受到人们的喜爱。中国历来将元宝枫作为风景园林植物和行道树栽培，成为著名的观赏树种。唐代诗人杜牧《远行》诗云："远上寒山石径斜，白云深处有人家。停车坐爱枫林晚，霜叶红于二月花。"给人一种红红火火刚健之美，成为古今人们传诵的名诗佳句。近代，随着景观园林和旅游经济的发展，元宝枫作为观叶、观果树种广为栽培，著名的"北京香山红叶""八达岭红叶"吸引了众多的中外游客，每年十月北京香山公园都举办红叶文化节。四川九寨沟、南京栖霞山和苏州天平山也都以枫林美景驰名中外。

　　元宝枫作为经济树种开发利用始于 20 世纪 70 年代初，我当时在原西北农学院任教，从事森林利用和林产化工方面的教学和科研工作，期间在对木本油料植物的研究和比较分析中，发现元宝枫（陕西又名五角枫）是一种优良的食用木本油料。20 世纪六七十年代，正是我国食用植物油供应困难时期，在领导的支持下，1971年元月首次用元宝枫种子在当地土榨油坊榨取食用油，同时在"杨凌酱醋厂"用榨油后的油粕生产出优质酱油，受到陕西省政府的重视。1971年3月，陕西省粮食局、农林局在西北农学院召开"陕西省五角枫（元宝枫）利用现场会"，对果实的机械化脱粒、榨油技术、油粕制取酱油技术进行了现场鉴定，品尝了油和酱油的质量和风味，150位代表给予了高度评价。试制的1000kg油和1200kg酱油在杨凌地区销售一空，获得群众赞赏。同时，陕西省农林局、粮食局联合发出通告，将五角枫（元宝枫）种子作为食用油料正式收购。

　　全国科学大会后，中国迎来了科学的春天，在时任陕西省委书记张勃兴同志和陕西省政府的支持下，"元宝枫开发利用研究"列入陕西省"八五"科技攻关项目。我主持该项目与西安医科大学药学系和西北轻工业学院应用化学研究所协作攻关，在国内率先对元宝枫果实的化学成分和丰产栽培技术进行了分析和研究，为产品的深度开发利用提供了科学依据，为元宝枫工业生产的资源基地建设奠定了基础。元宝枫单宁在制革工业和纺织印染固色中的应用试验成功，为我国皮革工业和纺织印染工业提供了一种优质单宁新资源。元宝枫的药用开发完成了开创性的基础研究，元宝枫的生药学特性研究，为其药用质量标准的制订提供了科学依据。元宝枫单宁的药理作用试验表明，其具有非常明显的镇痛、抗凝血和止泻等药理作用，可以研制出相应的抗脑血栓等新药。用元宝枫油进行抗肿瘤作用研究的结果表明，它不仅能对肿瘤细胞有显著抑制作用，同时能促进新生组织生长，对体细胞有修复作用。毒理学安全性试验表明，元宝枫油无毒副作用，完全有望开发为一种高效、无毒的抗癌新药。

　　该项研究，将一个观赏绿化树种开发为集优质油料、新蛋白质资源、鞣料、药用、化工等多效益为一体的高效经济树种。评审委员会一致认为，该成果处于国内领先地位，达到国际同类研究的先进水平。1996 年获陕西省林业科技进步一等奖；1998 年获陕西省科技进步二等奖。《元宝枫开发利用》专著，1996 年在陕西科学技术出版社出版。《元宝枫栽培与加工利用》专著，1998 年在陕西人民教育出版社出版。

2000 年 10 月，我主持的"九五"国家科技攻关"元宝枫丰产栽培及产业化技术研究"，通过国家林业局专家组验收；同年 12 月通过国家科技部专家组验收（鉴定），被评定为"九五"国家重点科技攻关林业项目重大成果之一。该项研究在"八五"科技攻关的基础上，对元宝枫果实和树叶的化学成分进行了较深入系统分析研究，揭示出元宝枫种子富含油脂和蛋白质而不含淀粉的特殊化学组成，为开发新油源和蛋白质新资源提供了科学依据。元宝枫叶中含有多种与人体健康有关的活性成分，不仅含有丰富的维生素，矿质营养元素，超氧化物歧化酶（SOD），全面的氨基酸组分，还富含绿原酸、黄酮、强心甙等成分。元宝枫种皮中含 60% 优质缩合类单宁，在植物鞣料中是罕见的。研究证明，元宝枫具有很高的综合开发利用价值。

"九五"国家科技攻关中，研制出了"元宝枫翅果专用脱粒机"（已获国家专利证书）；完成了元宝枫种子榨油的生产试验，平均机榨出油率为 36%，最高可达 38%；利用榨油后的油粕酿制优质酱油获得成功；研制出"元宝养生茶"；创造了低温高效法提制药用单宁和黄酮的先进工艺，在湖南省林产化工重点实验室和秦岭野生植物化工厂完成了中间试验，中试产品经国家检测部门检测质量优良。

此后，继续与西安交通大学医学院合作，对元宝枫进行药用开发研究。通过大量动物试验证明，元宝枫黄酮具有明显的促凝血作用，其作用大于止血敏 125 倍以上；还可使心肌耐缺氧时间延长，对于防止和治疗冠心病、心绞痛、心力衰竭有重要意义，为元宝枫的药用开发利用奠定了科学基础。

西北农林科技大学对元宝枫树的水分和抗旱生理生化特性进行了系统研究，为元宝枫在干旱、半干旱地区和生态条件脆弱地区表现出很高的造林成活率与保存率提供了科学依据。并总结了一套元宝枫育苗和丰产栽培技术，在用播种育苗培育壮苗的基础上，成功的解决了嫁接育苗、扦插育苗和平茬育苗技术，使嫁接苗提前三年结实。

《中国元宝枫生物学特性与栽培技术》作为一部学术专著，是我主持元宝枫研究和开发以来的历程写真。它记述了从 1970 年元宝枫和五角枫作为木本油料首次在我国开发利用的良好开端；记述了陕西省"八五"科技攻关项目"元宝枫开发利用研究"和"九五"国家攻关项目"元宝枫丰产栽培及产业化技术研究"的研究历程；记述了多学科、多部门专家教授们的团结协作，为元宝枫的基础研究和产品开发注入了生机和活力，将一个传统的观赏绿化树种开发为高效经济树种；反映了随着国家经济建设的快速发展，将生态环境建设与保护作为西部大开发的根本切入点，在国家林业局、陕西省、山西省、四川省和云南省等各级领导和企业界朋友们的大力支持和推动下，元宝枫在西北、西南、华北和内蒙古赤峰地区得到了迅速发展。

2011 年 3 月 22 日，国家卫生部第 9 号文件公告批准元宝枫油作为新资源食品，为元宝枫油正式进入我国食用植物油大家庭签发了准入证；同年 7 月，在 2011 年中国（重庆）国际茶业博览会上，重庆山绿茶业科技公司生产的"元宝健康茶"获得创新奖和银奖。2014 年我国特有的元宝枫神经酸油成功上市，为国家增添了一种新的食用植物油并打入国际市场。中国新闻网等多家媒体宣传报道，在国内外食用植物油中独含有神经酸属开创之举。

2018 年，在中国老科学技术工作者协会、国家林业和草原局、西北农林科技大学和陕西省老科学技术教育工作者协会各级领导的关怀支持下，成立了"元宝枫产业国家创新联盟和西北农林科技大学元宝枫产业化发展研究中心"，推进元宝枫产业的快速发展，元宝枫资源基地建设突破 160 万亩，科研工作取得了一些新进展。随着我国人民生活水平的不断提高，人们的保健意识增强，元宝枫作为一种纯天然、无公害、高营养的"药食两用"树种，必将成为开发系列保健品和药品的重要原料。通过丰产示范基地建设、产品的深度开发、市场开拓等多方面的努力和创造性的工作，元宝枫定能在 21 世纪成为一种造福于人类的高效经济树种。

元宝枫的研究和开发利用，跨越交叉到植物学、植物生理学、生物化学、林学、医学、药理学、轻工和化学工程等领域，涉及的研究内容和成果是多学科交叉融合的展现。西北农林科技大学王姝清、李艳菊、马希汉、樊金拴、高锦明、王兰珍、孙波等教授，在"八五""九五"元宝枫项目科技攻关中，在元宝枫的丰产栽培技术、生理生化特性、化学成分研究、活性物质的分离提取、产品加工的中间试验、加工设备的研制和新产品开发等方面进行了开创性的研究，为元宝枫的开发利用和产业化奠定了坚实的理论基础和科学依据。

元宝枫药用开发研究，在西安交通大学医学院贺浪冲、吕居娴、曹永孝等教授的协作下，取得了元宝枫作为药用植物新资源开创性的研究成果。在西安科技大学应用化学研究所李仲谨教授的协作下，元宝枫栲胶在皮革鞣制和纺织印染固色中的应用试验成功，为我国皮革和轻纺工业提供了一种优质单宁新资源。

宝鸡市林业局盛平想局长和郭全健高工，是我主持国家"九五"攻关项目邀请的协作单位专家。他们在宝鸡地区率先建立了元宝枫丰产示范基地，为我国元宝枫资源基地建设奠定了良好基础和示范作用。

元宝枫药业发展有限公司董事长寇君，是参加元宝枫"九五"国家科技攻关唯一的企业家，他率先在陕西勉县基岩裸露的石质山地上，用炸药爆破整地，建立起千亩元宝枫示范林，为我国石质荒山造林做出了突出贡献。

对于上述在"八五"和"九五"元宝枫项目科技攻关中的教授、专家、科技人员和企业家，对他们的辛勤付出和严谨的科学精神，特在此表示诚挚的敬意；摄影家郑耀祖为本著作提供了部分照片，在此一并致谢。

陕西宝枫园林科技有限公司王高红，为本著作的出版提供大力支持，在此深表谢意。

最后，在本著作出版之际说几句心里话，元宝枫从一个观赏绿化树种研究开发为引人注目的高效经济树种，是前无古人的事业，是艰苦奋斗的事业，是拓展创新的事业，是前景光明的事业。期盼更多有识之士为之奋斗，开创我国木本农业的光辉未来。限于著者的水平，本书不妥之处敬请批评指正。

2019 年 10 月

枫林秀色（嵊州马思泓提供）

陕西省勉县秦巴山经济技术研究所所长寇军、王性炎教授及勉县名优茶开发公司总经理姜国元研制出首批元宝枫茶

王姝清、李艳菊、贾彩霞老师在观察1年生、2年生嫁接苗开花状态

王性炎教授带领研究生王兰珍与秦岭野生植物化工厂科技人员共同进行元宝枫叶提取黄酮的中间试验

科尔沁沙地元宝枫花繁叶茂，果实累累

科尔沁沙地元宝枫暴露强大的根系、花繁叶茂

元宝枫林——科尔沁沙地防风固沙的"生态卫士"

元宝枫林下套种红薯

元宝枫林下套种百合

元宝枫与油用牡丹间作套种

元宝枫林下套种西瓜

元宝枫林下套种金银花

元宝枫林下套种高钙菜

元宝枫与魔芋间作套种

元宝枫林下套种蔬菜

元宝枫林下套种芍药

元宝枫大树与播种苗间作套种

白粉病

黄斑星天牛食害树干

尺蠖食害叶片

黄刺蛾虫茧

五、元宝枫开发利用

元宝枫油

元宝枫茶

元宝枫罐头

元宝枫酱油

元宝醇

元宝枫面

元宝枫糖果

元宝枫化妆品

目　　录

第一章 中国元宝枫栽培利用历史

全世界有近 200 种槭属植物,主要分布于东亚,间断分布于欧亚大陆和北美洲。中国是世界上槭树科植物种类最多的国家,有 149 种,占全世界的 75%,是槭属的分布中心。从海拔 50m 的海滨到海拔 4000m 的高寒山区均有分布。在西南至东北的整个森林地区,槭树(俗称枫树)是中国温带落叶阔叶林、针阔混交林,以及亚热带山地森林的建群种和主要树种。长江流域以北,是槭树的现代分布中心,种类集中,有 100 多种槭树,占全世界的 1/2。

第一节 元宝枫是生态效益和民生效益
完美结合的优良树种

(一)优质食用植物油的新资源

种子粒大,含油量高。元宝枫种仁含油量为 48%,机榨平均出油率 35%,高于油菜籽出油率。

必需脂肪酸含量高,油质优良。元宝枫油是以含油酸和亚油酸为主的半干性油,两者占脂肪酸总量的 60% 以上。油中含有 5.8% 的特殊功能性脂肪酸——神经酸,这在食用植物油中是不多见的。

(二)优质蛋白质的新资源

元宝枫种仁含蛋白质 25%~27%,不含淀粉,在植物种子中也是少见的。种仁提取油后,油粕是很好的食用蛋白质。

据测定,元宝枫种仁中蛋白质含有 8 种人体必需的氨基酸,属完全蛋白质,是一种理想的植物蛋白质新资源。

(三)优质活性单宁的新资源

元宝枫种皮单宁含量达 60%,属凝缩类单宁。目前,国内外缩合类单宁多数来自树皮和树根,结合采伐才能获得,而元宝枫种皮单宁每年可再生获得。

(四)皮革工业和纺织印染工业的优质原料

原西北林学院研究的"低温高效法制取元宝枫栲胶工艺",已获国家专利局申请号,产品经国家指定部门鉴定,达到林业部部颁标准特级品指标。用于鞣制中皮革,渗透速度快,革色浅,感观性能好,产品理化指标与进口的黑荆树栲胶相同。用于尼龙丝织物染色的固色剂,产品的各项指标均超过轻工部部颁标准,固色效果好,牢度高,色泽艳,优于五倍子单宁酸。说明元宝枫单宁在工业上的开发利用前景广阔。

(五)医药原料的宝树

西安医科大学通过大量动物实验证明,元宝枫油不仅对肿瘤细胞有抑制作用,同时能促进新生组织生长,对体细胞有修复作用;还可用于治疗烧伤和祛斑美容等,其医疗保健效用可与沙棘油媲美。

元宝枫单宁的药理试验证明,具有非常明显的镇痛、抗凝血作用,可研制为抗脑血栓等新药。

元宝枫叶含多种生物活性物质,如黄酮、绿原酸、强心甙等,完全有希望开发为优质保健茶和提供制药用产品。

(六)抗旱、耐瘠薄、生命力强的菌根树种

原西北林学院研究证实,元宝枫根部具有两类菌根,一类是固磷的 VA 菌根,另一类是外生菌根,两类菌根兼有在植物界并不多见。菌根赋予元宝枫以强大的生命力,在 1994~1995 年陕西大旱之年,在中德合作陕西西部造林工程中,元宝枫在秦岭山区造林成活率名列前茅,超过刺槐、侧柏、油松、山杏等抗旱树种。在当今广大土地磷资源和水资源日益减少的情况下,发展元宝枫将会产生可观的生态效益和社会效益。

(七)投入少、产量高、管理省工的树种

由于元宝枫具有 VA 菌根和外生菌根,能促进其对无机养分的吸收,增进根部的健康生长和高速生长,只需要少量肥料就能获得较高的产量。西北农林科技大学校园栽植的 20 年生元宝枫行道树,在无人管理的干旱之年,每株结实量一般在 30kg 左右,其中 1 株果实产量达 41.5kg。

元宝枫进入秋末休眠期,树叶先脱落,翅果仍悬挂在树枝上,初冬采收果实,不与农忙争劳力,采收也较方便。成熟的果实含水率低,采收入库后,不需特殊条件,堆放在干燥阴凉处不发霉,不变质,贮藏省工且安全。

(八)观赏绿化的环保树种

元宝枫树冠浓荫,树姿优美,叶形秀丽,嫩叶红色,秋季树叶又变成橙黄色或红色,是北方重要的秋色红叶树种,具有独特的园林观赏价值。华北各省份广泛栽培作庭荫树和行道树。在堤岸、湖边、草地及建筑附近配置皆甚雅致;也可在荒山造林或营造风景林中做伴生树种。春天树上开满黄绿色花朵,颇为美丽,同时也是优良的蜜源植物。

(九)综合经济效益高,无风险的树种

元宝枫综合开发利用的主要产品及其可以带动发展的产业如图 1-1 和图 1-2。

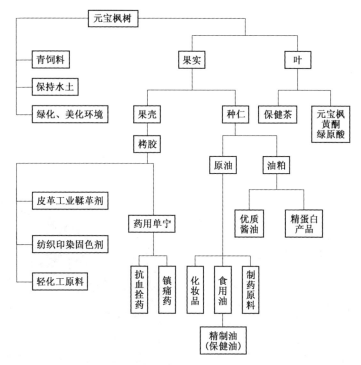

图 1-1 元宝枫综合开发利用的主要产品

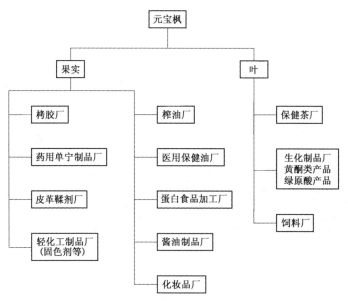

图 1-2 元宝枫发展起来的新兴产业

第二节 元宝枫作为经济树种研究起于 20 世纪 70 年代初

元宝枫作为经济树种研究开发始于 20 世纪 70 年代初,当时我国食用植物油处于困难时期,著者发现民间有炒食元宝枫种子说与花生仁相近,且无毒性。在领导支持下,1971 年元月,首次用元宝枫(五角枫)种子榨取1000kg 食用油,同时用榨油后的油粕试制出 1200kg 酱油,受到陕西省政府的重视(图 1-3)。

元宝枫种子机械脱粒

石磨磨元宝枫种子

杨陵公社国营酱醋加工厂

首次使用油粕制取元宝枫酱油

图 1-3 利用元宝枫种子榨元宝枫油和试制酱油

　　1971年3月,陕西省农林局、粮食局在西北农学院召开"陕西省五角枫(元宝枫)利用现场会",对果实机械化脱粒、土法榨油技术、油粕制取酱油技术进行了现场鉴定,品尝了元宝枫油和酱油的质量、风味,150位代表给予了高度评价(图1-4)。同时,陕西省农林局、粮食局联合发出通知,将五角枫(元宝枫)种子作为油料正式收购(1-5)。

　　1971年4月,陕西省粮油公司发出了大力发展五角枫 为革命广开油源的通知,如图1-6。

　　1973~1990年,因种种原因元宝枫研究开发停顿了17年。

榨油现场(一)　　　　　　　　　榨油现场(二)

土法榨油　　　　　　　　　　土法榨油后的油粕

图1-4　1971年3月,陕西省农林局和粮食局在西北农学院
召开"陕西省五角枫(元宝枫)利用现场会"

陕西省革命委员会 农林局 （紧急通知）
　　　　　　　　　粮食局
陕革粮农（1971）30
　　　　　　　　　　034号

☆

最高指示

各地、各党、为人民。

从现在起，要大发展油料，要把油料作物提高
到和粮食、棉花一样的位置。

＊ ＊ ＊

关于发动群众采集五角枫种子
的紧急通知

各地、市、县革委会生产组，农林、粮食局：

最近，西北农学院广大革命职工，遵照毛主席"各地、各党、为
人民"的伟大教导，为革命开辟油源，采集五角枫种子，经试验化验
含油量在百分之三十二以上，每百斤出油二十六斤半，油品销售，味
道香香，与花生油的质量不相上下，证明是一种很好的木本食用油料。

五角枫栽培容易，生长较快，木质坚硬，质地优良，普遍用于城
市、学校、厂矿和机关绿化，十年以上的大树，每年可以采集果实三
十斤左右。这是新的绿色木本油料。积极开辟和充分利用这一油源，
对实现我省食油自给有余，有重要作用。在省革委会生产组二月二十
三日召开的电话会议上，省副主任和满副司令号召城乡人民，在春季

·1·

油桐推广动态

（第五期）

陕西省油桐推广小组编印　　　一九七一年四月二十六日

☆

毛主席语录

从现在起，要大发展油料，要把油料
作物提高到和粮食、棉花一样的位置。

自力更生，艰苦奋斗，破除迷信，解
放思想。

※ ※ ※

大力发展五角枫 为革命广开油源

在伟大领袖毛主席"各战、各党、为人民"的伟大战略思想和
党的"九大"团结、胜利的路线指引下，在毛主席和党中央对延安
人民亲切问候的巨大鼓舞下，西北农学院园林大队革命教工，破除
迷信，解放思想，通过三大革命运动的反复实践，发现了一种新的
油料树种——五角枫。最近，省革委会农林、粮食两局发出通知，
并在西北农学院召开现场会，现场会议上，来自共中三个市、三个
地区和重点县农林、粮食、园林部门的同志，学习了西北农学院开
展五角枫育苗、利用五角枫榨油和付产品综合利用的经验，解放了
思想，统一了认识。大家认为，利用五角枫榨油，为今后基本木

·1·

植树造林中大量种植。为此，特作如下通知：

一、凡有五角枫资源的地方和单位，特别是西安、宝鸡、铜川、
咸阳市，周至、兴平、户县、蔺家坡革工矿区的一些机关、学校、厂
矿和部队驻地，各级革委会都要领导抓住当前季，发动群众，组织人力
抓好时机，争取在最近大约一个月时间内，把悬在五角枫树上尚未晃
落的种子，全部采集回来。

二、采得的五角枫种子，首先由本地区、本单位选留一部分，积
极安排育苗，发展五角枫生产，其余全部卖给国家，由各地粮食部门
收购。

三、五角枫种子收购价格：子仁透润，颗粒为圆形，可作种子的
毛边黑枫（不带壳）每市斤试行统一收购价一角三分。新鲜次不宜作
种子的，每市斤掌握一角二分左右，依质论价，分等议价。粮食部门要方
便群众，不论多少，随到随收。还要出动与辖区内有五角枫并派出收购的机
关、学校、厂矿、部队联系，抓紧协助采集，上门收购。

四、各地、各单位要保护好现有五角枫资源，建立管护制度，加
强对五角枫树的养护和管理，为今年秋季增产果实和大量采收创造条
件。

这个通知，望抓紧研究，并迅速地将五角枫采集发动，委派到
厂、部队中去，立即行动起来。望将工作进展情况及时报告。

一九七一年三月九日

报：省革委会生产组，商业组，农林部，粮

抄：省计委，西安、宝鸡、铜川市农业局，西北农学院，各地粮食公司

（二）省粮油科研所，省林业研究所。

油料生产，创出了新的路子，增添了新的内容。发展五角枫，是落
实毛主席"各战、各党、为人民"伟大战略方针和贯彻全国棉花、
油料、糖料生产会议精神的一项有力措施，是增加新的油源，促进
工农业生产，加强战备，实现我省食油自给有余的措施。会议要求
各地调查资源，做好规划，结合城市和机关厂矿绿化，因地制宜，
有计划地发展五角枫生产，为革命广开油源。

现场会议以后，许多地区立即行动起来。西安市农林、粮食、
拔建三局，联合发出通知，转发经验材料，采取一利用、二保护、
三结合、四发展的办法。要求做好宣传工作，对现有五角枫资源、
苗木进行一次普查，切实加强管理，严禁乱砍乱伐；组织人力，及
时拣拾揉落在地上的五角枫种子，结合活动好其它油料树种育苗工
作，争取在四月底五月初开展五角枫育苗活动，大力组织
采集种子，加强收购，正式列入生产计划，搞好育苗，力争在"四
五"期间做出成绩，为社会主义建设和人民生活做出新的贡献。宝
鸡地区园林工作站也及时发出通知，要求各县摸清底子，做好规划，
抓紧时间，搞好拣摘、五角枫的育苗、栽植工作，力争早解决区
内油源问题。咸阳市现有四百多棵两丈多高的五角枫树苗，准备做
行道树马上上路栽植。分配给各地的一部分五角枫种子，正在抓紧
组织育苗，并研究制定发展规划。

目前，一个发展桐树、油桐等木本油料，并在城市、工矿区结
合绿化重点发展五角枫的生产高潮，正在省内各地蓬勃兴起。

·2·

图1-5　1971年3月,陕西省农林局、粮食局联合发出通知

大力发展五角枫　为革命广开油源

在伟大领袖毛主席"备战、备荒、为人民"的伟大战略思想和党的"九大"团结、胜利的路线指引下，在社会主义革命和社会主义建设蓬勃发展的新高潮中，西北农学院林学系革命教工，通过三大革命运动的反复实践，发现了一种新的油料树种——五角枫。

五角枫，又叫元宝树，属于落叶乔木，因叶子分裂成五个角而得名。种子含油量在百分之三十二以上。每百斤种子土榨出油二十六斤半。油色黄亮，有花生油的香味，是很好的食用油，也是工业生产的好原料。油渣可制酱油，又是很好的饲料和肥料。木材坚韧，结构细密，强度高，可作像俱、农具，在纺织工业上可代替桦木制作纱管、木梭。花是很好的密源。树薬和脱粒后果翅，果皮可作牛、羊、猪的饲料。

五角枫的特点是：耐寒、耐旱、抗涝、稳产、高产，病虫害少，管理省力，适应性强，除我省山区海拔两千公尺以下有零星分布外，因枝叶茂密、花果繁多、树形美观，适作绿化树种，在西安、宝鸡、咸阳等大中城市和兴平、户县、临潼、铜川等工矿区、机关、学校、厂矿有广泛种植。仅西安市城市绿化部分，就有三万多株。

五角枫育苗简单，栽植容易，成活率高，生长较快，栽植后四年开始结果，每年五月开花，十月间果实成熟，秋冬落叶，果实仍长期悬挂树上，直到第二年二、三月间还可继续采收。十年后每株可产油四斤以上。

发展五角枫生产，是落实毛主席"备战、备荒、为人民"伟大战略方针和贯彻全国棉花、油料、糖料生产会议精神的一项有力措施，是增加新的油源，促进工农业生产，加强战备，保证军需民食，实现省内食油自给有余的需要。

省革委会农林、粮食两局最近发出通知，並在西北农学院召开现场会，要求各地高举毛泽东思想伟大红旗，突出无产阶级政治，有计划地发展五角枫生产，並保护好现有五角枫资源，为革命广开油源，为人民做出新的贡献。

陕西省粮油公司革命委员会

一九七一年四月

图 1-6　1971 年 4 月，陕西省粮油公司发出了"大力发展五角枫 为革命广开油源"的通知

1990年,在陕西省农村工作会议上,王性炎教授建议发展新木本油料五角枫,陕西省委书记张勃兴即刻表示支持并指示省科委、省农办立项支持"元宝枫开发利用研究",将其列为陕西省"八五"科技攻关重要项目(图1-7)。

王性炎同志建议发展五角枫
张勃兴同志表示支持这件事

　　10月6日,参加第2组(宝鸡市)讨论的西北林学院王性炎同志建议发展木本油料五角枫。他说,陕西食油短缺,供求矛盾突出。全省年食油自给率只70%,每年吃调进油3千万斤以上。而光靠油菜,又不可能完全解决食油问题。

　　五角枫又名元宝枫,主要分布在北方各省,垂直分布约在海拔300至2000米之间。下籽出苗率高,移栽成活率高,5年便可挂果结籽,油籽的含油量为48%,一棵成年树可产籽20斤左右。土法榨油出油率为25.2%－26.6%,油质清亮,色、味可与花生油媲美。假如全省每户种一棵,即可产油3千万斤;若人均一株,全省的食油问题可以解决。五角枫的材质坚硬,弯曲强度高,纹理细密美观,材色淡肉红色,是纺织工业制作木梭、纱管的优质材,也是制作家具或其它细木制品的好材料。果翅、种皮单宁含量为16.6%,是处理山羊皮、鞋制革的上好原料。五角枫油渣还可制造酱油,每100斤可产500斤酱油。它还是城市绿化的一个好树种。建议省上有关部门和领导重新认识,采取特殊措施,广为宣传,先在部分地区试点,取得效益后,再全面推广,争取用10年时间,使我省的油料生产有一个大的转机,走出一条新的路子。

　　参加宝鸡组讨论的张勃兴同志听后说,这么好的东西,1971年省上就做了决定,但没有搞起来。现在咱们只要认准了就干,我支持这件事。你们可以先搞点宣传材料,各新闻单位都给予宣传。油料生产是个大事。发展五角枫,可以解决粮油争地的问题,你们拿个建议,省上做个决定。明年植树造林,我们省上的领导要带头去搞。宝鸡可以先搞试点,定上一个规矩,那一个县发展起来了,到时就给县长(不管他那时在不在任)立碑子。北京香山的红叶就是其中的一种,我们也可以搞一个山,去观赏,去旅游。

　　宝鸡市委书记纪鸿尚当即表示,宝鸡具有发展五角枫的条件,我们愿意进行试验推广,请林学院的同志在技术上提供帮助。

图1-7 中共陕西省委办公厅编发的陕西省农村工作会议简报(1990年10月7日第13期)

第三节　元宝枫栽培利用研究成果

(一)陕西省"八五"科技攻关"元宝枫开发利用研究"成果简介

成果经鉴定委员会鉴定认为:该项综合研究把一个绿化树种开发为集油料、鞣料、新蛋白质资源、药用、化工等多效益为一树的重要经济树种,其研究成果是显著的。完成了 31 篇研究报告,已获准 1 项专利申请。产品开发利用研究获 1993 年陕西省"第三届科技成果交易会"金奖。早实丰产栽培技术正在宝鸡地区、江苏省宿迁市等地推广应用。《元宝枫开发利用研究》一书 1996 年在陕西科学技术出版社出版(图 1-8)。

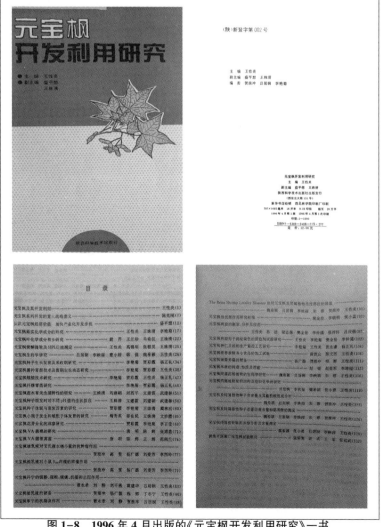

图 1-8　1996 年 4 月出版的《元宝枫开发利用研究》一书

（1）首次对元宝枫果实化学成分进行了比较系统的分析研究，为产品的深度开发研究提供了理论依据。

（2）对元宝枫生物特性、种子生长发育、苗木生理特性、育苗技术、苗期生长动态、元宝枫VA菌根等进行了比较深入研究。率先对元宝枫早实丰产技术进行探索。

传统播种育苗实生苗生长缓慢，干形扭曲不直，结实期晚，5~6年以后才能结果。"八五""九五"攻关，成功解决了嫁接育苗、扦插育苗和平插育苗技术，其中一年生嫁接苗提前3年结实（图1-9）。

王姝清、李艳菊、贾彩霞老师在观察1年生、2年生嫁接苗开花状态

元宝枫2年生嫁接苗开花结果

图1-9　王姝清、李艳菊、贾彩霞老师在观察1年生、2年生嫁接苗开花状态

（3）为我国皮革工业和纺织印染工业，提供了一种优质单宁。高活性单宁的提制工艺已获得国家专利。元宝枫栲胶产品，经林业部林化产品检测中心检验，达到国家同类产品优等指标。在1994年第二届亚洲皮革科技与技术国际学术会上受到好评（图1-10）。

发表于《第二届亚洲皮革科学与技术国际学术会议集》的论文

纺织印染固色剂

皮革鞣剂

图1-10　为皮革和纺织印染工业提供优质单宁

（4）元宝枫药用开发完成了开创性基础研究（图1-11）。元宝枫的生药学特性研究，为药用质量标准的制订提供了科学依据。元宝枫单宁的药理作用试验表明，其具有非常明显的镇痛、抗凝血和止泻等药理作用，可以研制出相应的抗脑血栓等新药。元宝枫油进行抗肿瘤作用研究的结果表明，其不仅能对肿瘤细胞有抑制作用，同时能促进新生组织生长，对体细胞有修复作用。毒性实验证明，元宝枫油无毒副作用，完全有希望开发为一种高效、无毒的抗癌新药。

（二）"九五"国家科技攻关"元宝枫丰产栽培及产业化技术"成果简介

（1）研究总结出元宝枫实生苗、嫁接苗、扦插苗、平茬苗繁育技术和整形修

图1-11　贺浪冲、杨广德、常春、吕居娴等老师进行元宝枫油的抗癌试验研究

剪、土肥水管理、病虫害防治等栽培技术，为人工林营造和丰产栽培提供了科学依据。编著出《元宝枫栽培与加工利用》等科普书推广应用(图1-12)。

2004年5月第1版第1次出版《元宝枫栽培及其利用》

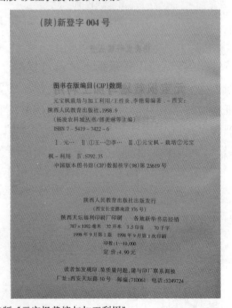

1998年9月第1版第1次出版《元宝枫栽培与加工利用》

图1-12　编著出版科普书

（2）研制出元宝枫翅果专利脱粒机,委托航天工业部 39 所试制出样机,生产试验证明效果良好,已获国家专利(图 1-13)。

元宝枫翅果专利脱粒机　　　　　　　　专利证书

专利脱粒机内部结构　　　　　　专利脱粒机正在工作

图 1-13　研制出元宝枫翅果专利脱粒机

（3）完成了种子机械榨油的生产试验,7 次重复试验结果表明,平均出油率为 36%,最高可达 38%,比过去土榨出油率提高了 8 个百分点;在同等条件下,比油菜籽出油率高出 5 个百分点。

土法压榨
元宝枫油视频

（4）完善了元宝枫单宁的提制工艺,研制出单宁含量高,色泽纯正,渗透快,皮革质量高的优质缩合类栲胶。

（5）首次对元宝枫树叶的化学成分进行了比较系统的分析,发现元宝枫叶含有多种生物活性成分,有较高的药用价值和保健效用。现已开发出元宝枫保健茶和元宝枫黄酮等试验产品。

1997 年西北林学院与勉县秦巴山经济技术研究所协作,以元宝枫叶为原料,首次在勉县茶厂研制出"元宝枫"茶。在海拔较高的山区建立的元宝枫茶园,采摘加工制成的元宝枫茶,没有污染、风味独特、功效神奇,经过近千人饮用后反映很好(图 1-14)。

（6）元宝枫叶总黄酮的提制。为了开发利用元宝枫叶中的黄酮,进行了从元宝枫叶中提取黄酮方法的研究。随后在湖南省林产化工重点实验室和秦岭野生植物化工厂进行了中试(图 1-15)。

陕西省勉县秦巴山经济技术研究所所长寇军、王性炎教授及勉县名优茶工开发公司
总经理姜国元研制出首批元宝枫茶

陕西省勉县茶厂生产出首批元宝枫茶

图1-14 研制出首批元宝枫茶

图1-15 王性炎教授带领研究生王兰珍与秦岭野生植物化工厂科技人员共同进行
元宝枫叶提取酮的中间实验

中试工艺流程:

元宝枫叶→粉碎→低温提取→离心过滤→浓缩→萃取→浓缩回收乙醇→粗黄酮(含量35%)→吸附分离→减压浓缩→冷冻干燥(或喷雾干燥)→黄酮(含量52%),收率为4.65%。

（7）对元宝枫抗旱性进行了研究。元宝枫有关生理指标的变化及其与抗旱性关系进行了研究，发表了"元宝枫对干旱适应性的研究""水分胁迫对元宝枫膜脂过氧化作用的影响""应用 P-V 技术对元宝枫水分生理特点的研究"等论文。上述研究为元宝枫在干旱地区和生态条件较差地区造林，表现出较高成活率和保存率，提供了一定的科学依据。

（8）与西安交通大学药学院合作，对元宝枫进行了药用开发研究。大量动物试验证明，元宝枫油对 S_{180} 肉瘤和腹水瘤有明显的抑瘤作用，是一种很有开发前景的药用植物油。元宝枫黄酮具有明显的促凝血作用，其作用强于止血敏125 倍以上；还可使心肌耐缺氧时间延长，对于防止和治疗冠心病、心绞痛、心力衰竭有重要意义。元宝枫在药用开发利用方面潜力很大。

《王性炎学术论文集》《中国元宝枫》分别于 2001 年、2003 年在四川民族出版社出版（图 1-16 至图 1-18）。

图 1-16 2001 年 9 月第 1 版第 1 次出版《王性炎学术论文集》

图 1-17 2003 年 3 月第 1 版第 1 次出版《中国元宝枫》

著作权登记证书

申请者王性炎提交的文件符合规定要求，对由其于 2002 年 11 月创作完成，于 2003 年 3 月在成都市首次发表的作品《中国元宝枫》，申请者以作者身份依法享有著作权。

经中国版权保护中心审核，对该作品的著作权予以登记。

登记号为：2005-A-03783；发证日期为：2005 年 9 月 5 日。

中华人民共和国国家版权局

图 1-18　《中国元宝枫》著作权登记证书

资料链接：

元宝枫丰产栽培及产业化技术

成果说明

2000 年 10 月 11 日至 13 日，国家林业局科技司在北京召开了国家"九五"科技攻关项目"荒漠化治理技术研究与示范"专题、子专题验收会，根据子专题组提交的验收文件，结合现场检测意见，验收委员会采用听取子专题汇报，审核验收材料、现场答辩会和分析讨论等方式，对"干旱区元宝枫丰产栽培及产业化技术研究"子专题进行了评议，通过认真讨论，同意通过验收。认定"元宝枫丰产栽培及产业化技术"为研究成果。

1. 专题组提交的验收文件和各类测试报告，符合验收要求。

2. 专题组按合同内容和实施计划完成了各项计划任务。

(1)超额完成了元宝枫丰产栽培示范区建设任务。专题合同原定在宝鸡旱源区和勉县基岩裸露石质山区两地分别各建立示范园 100 亩，共 200 亩。目前，已在陕西、山西、四川、云南 4 省建立示范基地 10286 亩。

(2)初步总结出一套元宝枫育苗和丰产栽培技术，编著出《元宝枫栽培与加工利用》科普书，由陕西人民教育出版社出版，在国内有关省区推广应用。

(3)完成了元宝枫翅果专用脱粒机的研制和定型，委托航天工业部 39 所试制出样机一台。生产试验证实效果良好，剥皮率在 90% 以上，为元宝枫果实的系列加工和工业化生产奠定了良好基础。

(4)完成了元宝枫种子机械榨油的生产试验，7 次重复试验结果表明，平均出油率为 36%，最高可达 38%，较过去土榨出油率提高了 8 个百分点；在同等条件下，比油菜籽出油率高出 5 个百分点。

(5)完善了元宝枫单宁的提制工艺，研制出单宁含量高，色泽纯正，渗透快、皮革质量高的优质缩合类栲胶。

(6)首次对元宝枫树叶的化学成分进行了比较系统的分析，发现元宝枫叶含有多种生物活性成分，有较高的药用价值和保健效用。现已开发出元宝枫保健茶和元宝枫黄酮等试验产品。

(7)对元宝枫抗旱性进行了研究。就元宝枫有关生理指标的变化及其与抗旱性的关系进行了研究，发表了"元宝枫对干旱适应性的研究""水分胁迫对元宝枫膜脂过氧化作用的影响""应用 P-V 技术对元宝枫水分生理特点的研究"三篇研究论文。上述研究为元宝枫在干旱地区和生态条件较差地区造林,表现出的较高成活率和保存率,提供了一定的科学依据。

(8)与西安交通大学药学院合作,对元宝枫进行了药用开发研究。大量动物试验证明,元宝枫油对 S_{180} 肉瘤和腹水瘤有明显的抑瘤作用,是一种很有开发前景的药用植物油。元宝枫黄酮具有明显的促凝血作用,其作用强于止血敏 125 倍以上;还可使心肌耐缺氧时间延长,对于防止和治疗冠心病、心绞痛、心力衰竭有重要意义。元宝枫在药用开发利用方面潜力很大。

3. 在政府和企业家支持和帮助下,元宝枫育苗和栽培技术,已在陕西、山西、四川、云南、江苏、江西、安徽、山东、河南九个省推广应用。"九五"期间,陕西省育苗 2000 余亩,荒山造林 8 万余亩。山西省育苗 3000 余亩,荒山造林 5 万余亩。江苏、云南、四川、江西、山东、河南、安徽等省份荒山造林 5 万余亩。取得了较好的生态效益、社会效益和经济效益,种子和苗木经济收入在 3900 万元以上,也为山区农民开创了一条致富新路。

4. 通过宣传和示范,吸引企业家主动投资,加快了元宝枫产业化步伐。目前,已注册从事元宝枫产业开发的企业有:元宝枫药业发展有限公司(陕西西安)、福田实业有限责任公司(山西浮山)、陕西元宝枫有限责任公司(陕西西安)、云南昆明威达元宝枫产业开发有限公司(昆明市)。有两家公司已编制设计元宝枫系列产品生产线、工程技术方案,通过省政府主管部门的评审批准实施,明年元宝枫饮料,元宝油等产品将投入市场。元宝枫产业化开始起步。

5. 专题组制定的研究计划和实施方案合理,在实施过程中与政府和企业家密切合作、不断探索、不断创新,共同开创元宝枫产业,为元宝枫资源培育和产业化奠定了坚实的基础。

第四节　元宝枫栽培利用国内外动态

(一)美国科学界关注中国元宝枫神经酸油

我国引进国外先进的检测设备后,研究的深度不断提高,2004 年研究发现元宝枫油中含有 5%~6% 的功能性脂肪酸——神经酸。神经酸是国际科学界公认大脑和神经组织中核心天然成分,也是唯一能修复疏通受损大脑神经纤维并促进神经细胞再生的双效神奇活性物质。长期服用含神经酸植物油可预防和治疗脑萎缩、脑瘫、帕金森、老年痴呆、记忆力衰退、脑中风后遗症等疾病。

　　2005 年,西北农林科技大学王性炎、王姝清在《中国油脂》杂志第九期上发表"神经酸新资源——元宝枫油"的论文后(图 1-19),引起了美国科学界的重视。美国化学学会给王性炎教授发来邀请函(图 1-20),邀请于 2006 年 3 月在美国亚特兰大召开的国际化学学会上介绍此论文,并将该论文收录于《美国化学学会论文文摘》中。

图 1-19　"神经酸新资源——元宝枫油"论文

Dear Xing-Yan Wang,

Your abstract titled "A new resource of nervonic acid楼urpleblow maple oil", final paper number 72 has been accepted for presentation at the 231st ACS National Meeting, Atlanta, GA, March 26-30, 2006.

DIVISION: Division of Analytical Chemistry
SESSION: General Session
PRESENTATION FORMAT: Poster
DAY & TIME: Sunday, 26 March 2006 from 7:00 PM to 9:00 PM

If you have questions about your presentation, please contact your program chair (see http://oasys.acs.org/oasys.htm). PLEASE DO NOT RESPOND TO THIS E-MAIL WITH QUESTIONS.

NOTE: Please check the web version of the technical program as the meeting approaches. Time changes may occur due to presentation conflicts or paper withdrawals. You can visit our website at http://chemistry.org/meetings.

Best Regards,

图 1-20　美国化学学会邀请函

美国学术界对元宝枫的关注,促进了我国对植物神经酸的研究和元宝枫产业的发展。元宝枫油开始进入国际市场。

(二)申报新资源食品——元宝枫籽油

自古以来,我国一直把元宝枫作为观赏树木,没有食用、药用的记载,因此,元宝枫开发的产品均属于新资源,必须经卫生部和有关部门审批后才能上市。

云南昆明海之灵生物科技开发公司自 2000 年就从事元宝枫产业开发,是我国最早建立元宝枫资源基地和产品开发的老企业。拥有健康小精灵、云亚、艾舍尔注册商标,已获国家发明专利三项。生产的元宝枫神经酸软胶囊,在国内十多个省畅销受到广泛欢迎。为了规范上市销售,2006 年王性炎协助云南昆明海之灵生物科技开发公司向卫生部正式申请元宝枫籽油作为新资源食品,卫生部食品药品监督管理局特邀王性炎教授参加评审会,介绍神经酸的生理功能和药理作用,2011 年 3 月 22 日,元宝枫籽油获批为国家新资源食品(图 1-21),批文的附件中元宝枫籽油质量要求神经酸含量≥3%,这是我国首次在食用植物油中将神经酸批示为功能性脂肪酸,填补了中国国内食用植物油中没有神经酸的空白。

该公司生产的云亚牌元宝枫油已出口到日本、泰国和美国,是我国出口元宝枫籽油最早的企业,说明元宝枫神经酸已引起国际油脂界的重视。

关于批准元宝枫籽油和牡丹籽油作为新资源食品的公告(2011年　第9号)

发布时间：2011-03-29

2011年　第9号

　　根据《中华人民共和国食品安全法》和《新资源食品管理办法》的规定，现批准元宝枫籽油和牡丹籽油作为新资源食品。新资源食品的生产经营应当符合有关法律、法规、标准规定。

　　特此公告。

　　附件：元宝枫籽油等2种新资源食品目录

二〇一一年三月二十二日

中文名称	元宝枫籽油	
拉丁名称	*Acer truncatum* Bunge Seed Oil	
基本信息	来源:元宝枫树种仁	
生产工艺简述	以元宝枫种仁为原料，经压榨、脱色、脱臭等工艺制成。	
食用量	≤3克/天	
质量要求	性状	金黄色透明油状液体
	脂肪酸组成(占总脂肪酸含量比)	
	亚油酸 $C_{18:2}$	≥30.0%
	油酸 $C_{18:1}$	≥15.0%
	神经酸 $C_{24:1}$	≥3.0%
其他需要说明的情况	使用范围不包括婴幼儿食品	

图1-21　新资源食品审批通过后卫生部发布的文件

第二章 中国元宝枫资源分布

第一节 元宝枫天然林分布

元宝枫系中国特有树种。在我国分布较广,东起吉林以南,西至甘肃南部,南至安徽南部,北至内蒙古科尔沁沙地皆有分布。地理范围在北纬 32°~45°,东经 105°~126°之间。主要分布在吉林、辽宁、内蒙古、北京、河北、河南、山东、山西、江苏、安徽、陕西和甘肃 12 个省份,见表 2-1。

表 2-1 元宝枫天然林分布

分布省份	分布地区
吉林省	长白山区、科尔沁沙地
辽宁省	新宾、沈阳、盖县、凤城、宽甸、东沟、大连、朝阳、北镇、彰武
内蒙古自治区	大兴安岭南部山区,科尔沁沙地(哲里木盟),在草原地带沙区的固定沙丘上也有零星分布
北京市	燕山
河北省	太行山区
河南省	太行山、伏牛山区
山东省	鲁中南及胶东山区、泰山、沂山、蒙山
山西省	恒山、吕梁山区
江苏省	徐州以北地区
安徽省	淮北萧县、宿县、皖南歙县桃花峰
陕西省	秦岭山区
甘肃省	陇南山区

《中国植物志》记载:元宝枫(元宝槭)产吉林、辽宁、内蒙古、河北、山西、山东、江苏北部(徐州以北地区)、河南、陕西及甘肃等省份。生长在海拔 400~1000m 的疏林中。

《中国沙漠植物志》记载:元宝槭产于科尔沁沙地(内蒙古哲里木盟),在草原地带沙区的固定沙丘上有零星生长;东北、华北和华东有分布。

《河北植被》记载:糠椴、元宝槭、核桃楸林这一杂木林群系主要分布在太行山山地海拔 1000~1500m 范围内,群落乔木层以糠椴、元宝槭、核桃楸为共建种,三种的多度值可达 70%,高约 11m。

《辽宁植物志》记载:元宝槭生于海拔 400～1000m 杂木林中或林缘。产于新宾、沈阳、盖县、凤城、宽甸、东沟、大连、朝阳、北镇、彰武等市县。分布于我国黑龙江、吉林省及华北地区。

《山东植物志》记载:元宝枫产于鲁中南及胶东山区、丘陵。生于山坡、沟底杂木林。各地公园及庭园、村旁有栽培或有野生,是省内生长较普遍的槭树。

《中国森林》记载:内蒙古—辽西草原,尤其是森林草原亚带的固定和半固定沙丘上,森林植物种类比较丰富,如在小腾里沙漠的森林中,木本植物就有 30 多种。建群树种都是邻近大兴安岭和华北山地森林的代表种,主要是樟子松、油松、白松等,或伴有兴安落叶松、华北落叶松和元宝枫、蒙古栎等。

在鲁中南山地,即泰山、沂山、蒙山,可见到元宝枫块状林。

华北山地包括辽河平原两侧的医巫闾山、燕山、太行山、山西的恒山和吕梁山,这是落叶阔叶林的主要分布区,一般在海拔 700～1500m,由栎类为主,其次有油松、元宝枫、色木槭等。

《河南木本植物图鉴》记载:元宝槭(平基槭、华北五角枫)产河南太行山和伏牛山区;生于海拔 1000m 以下的山坡或山沟杂木林中。

《安徽经济植物志》记载:元宝槭产淮北萧县皇藏峪、宿县大方寺及皖南歙县桃花峰,生于海拔 700m 以下的沟谷杂木林中;分布吉林、辽宁、内蒙古、河北、山西、山东、江苏北部、河南、陕西及甘肃等省份。

《大兴安岭森林与树木》记载:元宝槭(华北五角枫)分布于大兴安岭南部山地;我国华北、山西、河南西部、华东及东北南部。

《华北树木志》记载:元宝槭(华北五角枫、平基槭)华北各省份普遍栽培或野生,在海拔 500m 以下的低山、平原地多见,山西、河南西部山区可达 1500m;华东、东北南部及西北各省也有分布。

《河北树木志》记载:华北五角枫(元宝枫、平基槭)产河北海拔 800m 以下各山区。东北、华北、西北东部均有分布。

元宝枫的垂直分布多见于海拔 400～1000m 低山丘陵疏林中。河北、山西、河南西部太行山区可达 1500m。山西恒山和吕梁山分布在海拔 700～1500m 范围内。

元宝枫喜温凉气候、湿润肥沃排水良好的土壤。较喜光,在山区多见于阴坡、半阴坡及沟底。但在内蒙古—辽西科尔沁沙地,年降水量不足 400mm,且集中在 7～8 月,蒸发量达 2300mm,夏季干热、冬季寒冷,每年刮 6 级以上大风的天数在 70 天以上,元宝枫在这里的生长期不足 180 天,就在这样恶劣的环境条件下,元宝枫林却健壮生长,硕果累累。

河北省丰宁县塔黄旗胡麻营窝铺村,生长着一株约 500 多年的元宝枫古树,树高 15.5m,胸围 3.80m,冠幅 13.7m。至今仍风姿挺秀,结实繁多。

第二节　元宝枫人工林分布

元宝枫作为高效经济树种开发以来,逐步引起社会各界的重视。元宝枫壮苗培育和丰产栽培技术,在陕西宝鸡和汉中勉县分别建立了示范样板之后,"九五"期间迅速辐射到山西、江西、河南、山东、江苏、安徽、云南、四川和重庆 10 个省(直辖市)。陕西省育苗 200 hm² 余,造林 0.55 万 hm²;山西省育苗约 133.3hm²,造林 0.46 万 hm²;四川省造林约 0.25 万 hm²;云南省造林约 0.21 万 hm²;江苏、河南、山东、安徽和重庆市共造林约 0.33 万 hm²。

随着元宝枫系列产品研制的不断深入,元宝枫特有的耐干旱、耐低温、耐瘠薄的优良生态特性在荒山造林中高成活率的表现,吸引了一些政府部门和有远见的企业家从城市进军山区,主动投资创办元宝枫产业,促进了元宝枫人工林的发展。

据不完全统计,目前元宝枫人工林已发展到 14 个省市,人工造林面积已突破约 3.13 万 hm²,见表 2-2。

表 2-2　元宝枫人工林分布

分布省份	分布地区
陕西省	宝鸡、眉县、千阳、凤翔、陇县、麟游、扶风、杨凌、勉县、镇安、蓝田、延安、延川、安塞、耀县、铜川、定边、黄陵、华阴、淳化、彬县、旬邑、乾县
山西省	浮山、永和、阳泉、襄汾、晋城、灵石、运城、忻州、榆次、朔州、泽州、陵川、垣区、阳高、平陆、黎城、介休、长治、翼城、太原、离石、原平、繁峙、寿阳、屯留、平顺
云南省	晋宁、寻甸、呈贡、东川、富民、嵩明、禄劝、鲁甸、巧家、镇雄、水富、盐津、永善、绥江、威信、大关、昭通、牟定、禄丰、南华、姚安、武定、新平、澄江、丽江、永胜、中甸、邱北、弥勒、石屏、洱源、祥云、鹤庆、宣威、会泽、马龙、沾益、泸水、兰坪
河南省	林县、三门峡、鄢陵、许昌、民权
四川省	成都、金堂、双流、眉山、仁寿、彭山、芦山、汶川、都江堰市、广元
重庆市	荣昌、奉节、南川、綦江、巫溪、巴南
山东省	潍坊、临沂、青岛、淄博、泗水、聊城、滕州、威海、烟台
甘肃省	兰州、张掖、白银、庆阳
新疆维吾尔自治区	喀什
宁夏回族自治区	青铜峡
河北省	文安、张家口、邯郸
西藏自治区	日喀则
天津市	全境
湖南省	全境

　　元宝枫侧根十分发达,在内蒙古—辽西科尔沁沙地上生长的元宝枫大树,由于风蚀,暴露在地表面上的侧根可达 7~8m。由于元宝枫根部含有大量的 VA 菌根和外生菌根,在干旱瘠薄的土地或沙丘恶劣生境上能正常生长。山西省林业厅在吕梁山、中条山,陕西省宝鸡市林业局在秦岭、关山和黄土高原丘陵区营造元宝枫林均获得成功,造林成活率一般在 86% 以上。

　　西南地区四川省、重庆市和云南省不是元宝枫的天然分布区。1997 年开始从陕西引种,五年来的育苗造林实践证明,在这三省(直辖市)的荒山造林和退耕还林中,元宝枫充分显示出生态、社会和经济三大效益的作用。

第三章　元宝枫的植物学特性

元宝枫（*Acer truncatum* Bunge）是槭树科（Aceraceae）槭属（*Acer*）植物，因翅果形状像中国古代"金锭元宝"而得名，为中国特有树种，见《中国——日本槭资源与园林》。汉代许慎《说文》中称之为槭树，这是它最早的名称。《中国植物志》又名元宝槭（见《东北木本植物园志》《中国植物志》），又名平基槭（见《经济植物手册》）、元宝树（见《河北习见植物图说》）、五脚树（见《中国树木分类学》）、华北五角枫（见《华北树木志》《河北树木志》）。

第一节　元宝枫的形态学特征

（一）树　形

落叶乔木，一般高 8~10m。天然林中的元宝枫树高可达 15~20m。树冠为卵形、阔圆形，偶见伞形，树冠高大，具备良好庇荫条件。

（二）树　皮

树皮灰褐色或深褐色，老时灰色，深纵裂。

（三）枝

元宝枫枝条向斜上方伸展，分枝角度 30°~80°，枝条无毛，具圆形髓心；侧枝多对生，顶芽破坏后，侧枝往往丛生；当年生枝绿色，后渐变为红褐色或灰棕色，表皮光滑，具细小而明显的皮孔；多年生枝表皮粗糙，呈灰褐色，具不规则的纵向裂纹。

（四）叶

单叶对生；叶纸质，长 5~10cm、宽 8~12cm，掌状 5 裂，稀 7 裂，裂片三角卵形或披针形，先端锐尖，边缘全缘，有时中央裂片的上段再 3 裂，叶基部截形稀近于心脏形；叶表面绿色，光滑，叶背面淡绿色，嫩叶叶脉腋簇生柔毛，主脉 5 条，在叶上面显著，叶背面微凸起，侧脉在叶上面微显著，叶背面显著；叶柄长 3~5cm，少数达 9cm。

（五）芽

在不同年龄阶段及不同生长季节，元宝枫芽的形态差别较大。一般越冬芽为卵形，长 2~5mm、宽 1~3mm，先端尖，外被棕褐色（或绿色）鳞片，一般 8~14 枚，鳞片两两对生，外层鳞片角质化，由外向内鳞片逐渐变薄，最内层 4 片鳞片为过渡叶。

元宝枫树芽按性质可分为叶芽、花芽（混合花芽、雄花芽）；按在枝条上的位置可分为顶芽和腋芽，腋芽常对生；按其萌发情况可分为主芽与副芽，副芽成对位于主芽两侧之下,内着生一个主芽,在主芽两侧又着生多个肉眼几乎看不见的小副芽。一般情况下,这些副芽不萌发,又叫潜伏芽,只有主芽萌发抽枝。但当主芽受损或抹去后,或枝干被剪断或锯断后,潜伏芽也可萌发抽生枝条。元宝枫的潜伏芽寿命较长,可达 20~30 年之久,这种特性有利于树体更新。

(六)花

花黄绿色,杂性,单性雄花与两性花同株;伞房花序生枝端,有花 6~15 朵,长 5cm,直径 8cm;总花梗长 1~2cm;每朵花的花冠直径 13~20mm,萼片 5 个,基部合生,黄绿色;花瓣 4~5 个,多为 5 个,离生,卵形,黄色,长 5~9mm,宽 2.5~3mm;花盘近圆形,边缘微裂,直径 3~5mm,花萼、花瓣着生于花盘外侧;雄蕊 6~10 个,通常 8 个,着生于花盘上,单性花的雄蕊较长,一般为 4~6mm,两性花的雄蕊较短,仅有 2~3mm;在花丝的顶端着生着一对长卵形花药,花药较小,长 1.2~1.6mm,花药内贮有大量花粉粒,当花药成熟之后,自动开裂,散出大量花粉;雌蕊生于花盘的中间,长 4~5mm,子房上位,扁平,2 室,每室有 2 个胚珠,仅 1 个发育;柱头浅黄色,2 裂,呈羽状反曲。花期 4 月。

(七)果实和种子

元宝枫果实为翅果,翅果扁平,两翅展开约成直角或钝角,翅果幼嫩时淡绿色,成熟时淡黄色或淡褐色,常呈下垂的伞房果序,翅长圆形,两侧平行,膜质,上有较明显的脉纹,长约 3cm,宽约 1cm,常与种子等长,稀稍长。

种子成熟时淡黄色或淡褐色、扁平状,长 1.3~1.8cm,宽 1~1.2cm;种皮革质,子叶扁平,呈黄色。果期 9~10 月。

元宝枫的形态特征如图 3-1。

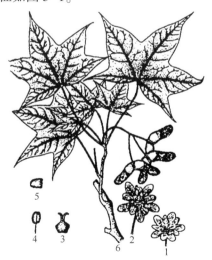

图 3-1　元宝枫形态特征

1. 两性花　2. 雄花　3. 雌蕊　4. 雄蕊　5. 种子　6. 果枝

第二节 元宝枫的解剖学特征

(一)叶

1. 叶表面

表皮细胞多角形,类方形,排列紧密,壁薄,条状纹理易见。气孔不定式,多分布于下表皮,上表皮未见。上表面光滑无毛,下表面叶脉处具毛,以叶的基部分布较密;腺毛腺头多细胞,球形,由 7~10 个细胞排成 2~3 层,直径 41~72μm,腺柄 2~3 个细胞,长 10~41μm;在叶基部密集,至远端叶脉处较稀疏。非腺毛多见单细胞,偶见 2 个细胞,细胞顶端略锐,壁微增厚,壁疣明显,长细胞柔软弯曲,长 226~412μm,直径 7~13μm。短细胞直立,长 72~203μm,直径 7~13μm,多分布于叶的基部。叶主脉处表皮细胞含草酸钙方晶,沿叶脉方向成行排列。元宝枫叶表面图如图 3-2。

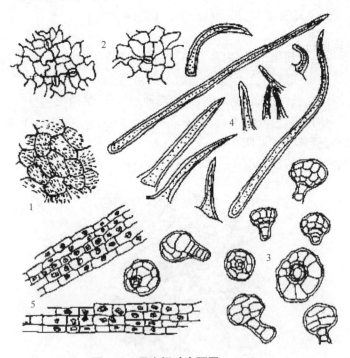

图 3-2 元宝枫叶表面图(×130)

1. 表皮细胞 2. 气孔 3. 腺毛 4. 非腺毛 5. 叶主脉表皮细胞

2. 叶横切面

上下表皮均为一列壁增厚的细胞,外被角质层,具腺毛与非腺毛。栅栏细胞长柱形,1~2 列,第二列细胞稀疏;细胞长 30~57μm,宽 7~15μm。海绵细胞类圆形，排列疏松，偶有方晶存在。主脉栅栏组织不通过。叶主脉上表皮处具一弧形突起，长 96.6μm，宽 26.58μm，由厚壁细胞组成。两个外韧型维管束，相背而生，合成一个大的维管束，其外有 2~3 列厚壁细胞包围。韧皮部可见多个分泌细胞相聚存在。叶横切面如图 3-3。

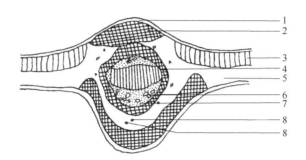

图 3-3　元宝枫叶横切面简图（×140）

1. 表皮　2. 厚壁细胞　3. 栅栏组织　4. 海绵细胞

5. 木质部　6. 分泌细胞　7. 韧皮部　8. 草酸钙结晶

3. 叶柄横切面

表皮细胞类圆形，壁增厚，排列紧密，外被角质层，可见腺毛与非腺毛，在近枝条和叶片两端密集。皮层细胞类圆形。壁较厚，内含草酸钙方晶。维管束由 8 个外韧型维管束愈合成周韧型花瓣状维管束，韧皮部分泌腔多以 2~3 个相聚，偶有单个存在，直径 30~70μm。叶柄横切面如图 3-4。

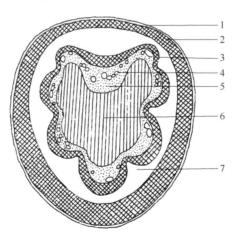

图 3-4　元宝枫叶柄横切面简图（×50）

1. 表皮　2. 厚角组织　3. 厚壁组织　4. 分泌腔

5. 韧皮部　6. 木质部　7. 皮层

(二)嫩 枝

1. 嫩枝横切面

表皮层为一列长方形的棕黄色细胞,壁增厚,排列紧密,外被角质层。木栓层细胞5~8列,较大,排列整齐,内含草酸钙方晶,韧皮部纤维束断续排列成环,两列。纤维外薄壁细胞含草酸钙方晶;分泌腔2~5个相聚存在于两列纤维层带之间。形成层成环。木质部导管直径10~41μm,成行排列,近形成层与髓部两端导管较密集;木质部薄壁细胞壁增厚,木化。射线1~2列细胞,末端喇叭状,细胞多列。髓部广阔,占嫩枝横切面的1/3~1/2,其内有淡黄色的分泌细胞。嫩枝横切面如图3-5。

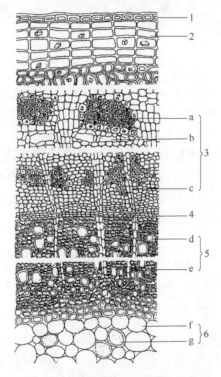

图3-5 元宝枫嫩枝横切面图(×200)

1. 表皮　2. 木栓层　3. 韧皮部　4. 形成层　5. 木质层　6. 髓

a. 纤维束　b. 分泌腔　c. 韧皮射线　d. 导管　e. 木纤维　f. 细胞　g. 分泌细胞

(三)根

1. 根皮横切面

元宝枫属主根系树种,其根皮木栓层由8~12列排列紧密的黄棕色长方形细胞组成,壁木化,略增厚,有草酸钙方晶散在其中。表层为3~5列不规则的扁长形细胞,壁增厚。韧皮部纤维束两列,由射线分割成断续的环带;分泌腔单个或数个相聚,直径 41~51μm;韧皮射线由 2~3 列近方形细胞构成,末端喇叭状;韧皮薄壁细胞类圆形,壁略增厚,内含草酸钙方晶。根皮横切面如图 3-6。

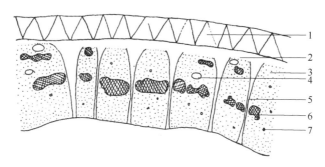

图 3-6　元宝枫根皮横切面简图(×50)
1. 木栓层　2. 皮层　3. 韧皮部　4. 分泌腔　5. 射线　6. 纤维束　7. 草酸钙方晶

(四)花

1. 花药壁层的发育解剖结构

元宝枫花药具 4 个孢子囊。发育初期的花药由一层表皮细胞和内部的一群分裂活动旺盛的多边形细胞组成(图 3-7,1)。随着花药的发育,从横切面上看,花药渐呈四棱形,之后,在四个棱角表皮下的细胞分化成孢原细胞,孢原细胞细胞核大,明显(图 3-7,2);稍后,孢原细胞平周分裂一次,形成靠近表皮的初生周缘细胞和里面的初生造孢细胞(图 3-7,3);初生周缘细胞进行平周和垂周分裂形成 4 层细胞,由外向内依次为药室内壁,2 层中层及绒毡层,这样,元宝枫花药的壁由 5 层细胞构成,即表皮、药室内壁、2 层中层和绒毡层(图 3-7,4)。绒毡层属分泌绒毡层,其细胞呈多边形,体积较大,初为单核,后发育为二核、四核及多个核(图 3-7,5)。在花药壁层分化过程中,内部的初生造孢细胞也不断分裂,形成数个体积大、细胞核大、明显,细胞质浓厚,排列紧密的次生造孢细胞。

2. 小孢子发生及雄配子体的形成

(1)小孢子发生。排列紧密的次生造孢细胞彼此分开形成圆球状的小孢子母细胞,小孢子母细胞经减数分裂形成小孢子四分体排列呈四面体形(图 3-7,6)。元宝枫小孢子母细胞减数分裂过程中的胞质分裂为同时型。在小孢子母细胞发生减数分裂前,花药的表皮、药室内壁细胞横向伸展,细胞多呈扁平形,2 层中层细胞已处于退化状态;绒毡层细胞逐步开始液泡化:排列变得疏松,多核现象普遍,至小孢子四分体形成时,绒毡层细胞出现萎缩、退化迹象(图 3-7,7)。

(2)雄配子体的形成。小孢子四分体形成后,包在其外部的胼胝质壁消失,小孢子相互分离,成为单核花粉粒,此时,单核花粉粒细胞质浓,核位于细胞中部,逐渐地细胞体积增大,形成明显的细胞壁,细胞中出现大液泡,细胞核移至细胞的一侧(图 3-7,8);随后,细胞核进行不均等的有丝分裂,形成一个大的营养

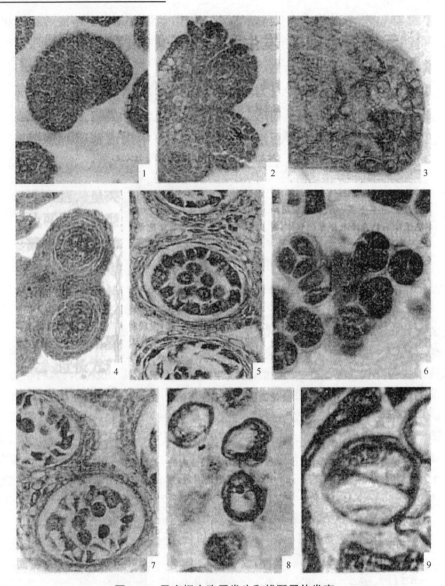

图3-7　元宝枫小孢子发生和雄配子体发育

细胞和一个小的生殖细胞,生殖细胞位于细胞壁附近,它再进行一次有丝分裂,形成两个近球形的精子(图3-7,9),这时的花粉粒内大液泡仍然存在,细胞质较少而淡。至此,中层细胞已完全消失,绒毡层细胞进一步退化,细胞内出现一些液泡,但并没有完全解体消失。同一花药孢子囊中小孢子的发育过程是不同步的。元宝枫的成熟花粉粒具3条萌发沟。

3. 元宝枫花粉粒中生殖细胞的分裂

元宝枫花粉粒中的生殖细胞是在花药中完成分裂活动的,分裂过程显示出不同步,在同一花药中可见呈各自不同发展阶段的花粉粒,一般认为这种现象的发生可能与同一药室中小孢子之间没有细胞质的联系有关。关于生殖细胞游离在营养细胞质中二者之间是否存在细胞壁以及壁的性质问题,存在着多种意见,据我们的初步观察,元宝枫生殖细胞与营养细胞之间可能存在着细胞壁,给出定论和确定壁的性质尚需进一步的进行研究。

(五)果实和种子

1. 果皮横切面

果皮即外种皮,果皮表层为一列排列紧密的棕黄色方形细胞,壁增厚,外壁尤厚,外被角质层,具腺毛。其内为 1~3 列的石细胞层带,石细胞类圆形、椭圆形及不规则形。壁极厚,木化,具明显的纹孔及孔沟,且近外界皮的石细胞排列整齐。中果皮薄壁细胞壁略增厚,含草酸钙方晶,其中散在着成环排列的外韧型维管束,韧皮部具单个或 2~5 个相随存在的分泌腔,直径 31~72μm。内果皮为数列横向排列的纤维组成,壁增厚、木质化。果皮横切面如图 3-8。

2. 种皮横切面

种皮的表皮层为狭长的淡黄棕色栅状细胞,外被角质层,壁增厚,木质化,具纹孔及孔沟;细胞长 309~463μm,宽 103~140μm。其下为 4~12 列薄壁细胞,呈类圆形及长方形。壁略增厚,呈黄棕色。在种脊处可见外韧型维管束。内种皮为 1~2 列排列紧密的类方形薄壁细胞。种皮横切面如图 3-9。

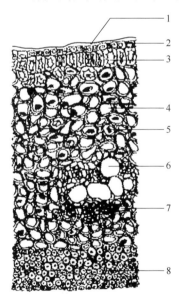

图 3-8　元宝枫果皮横切面(×130)

1. 角质层　2. 外果皮　3. 石细胞　4. 中果皮
5. 草酸钙方晶　6. 分泌细胞　7. 维管束　8. 内果皮

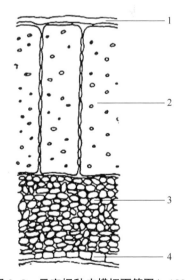

图 3-9　元宝枫种皮横切面简图(×100)

1. 角质层　2. 栅状细胞
3. 薄壁细胞　4. 内果皮

元宝枫种子为无胚乳种子,在种皮内是胚,胚由两片肥厚的子叶和夹在两片子叶一侧的胚芽、胚轴和胚根组成。子叶的上下表皮各为一列细胞,壁皆均匀增厚,外被角质层;上表皮细胞略小,类圆形;下表皮细胞略大,近长方形,薄壁细胞广泛存在,近上表皮处较狭长,近下表皮处圆钝,细胞壁皆呈念珠状增厚,具纹孔及孔沟;细胞内充满了颗粒状的糊粉粒及大量油滴,维管束外韧型,散于薄壁组织中;木质部导管未木化,直径 3~10μm;韧皮部具大型分泌腔,由 1~3 个相聚而成,直径 20~72μm。子叶横切面如图 3-10。

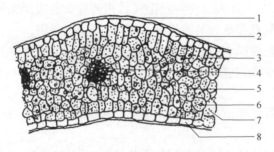

图 3-10　元宝枫子叶横切面详图(×130)

1. 角质　2. 上表皮　3. 栅状细胞　4. 维管束　5. 薄壁细胞　6. 油滴　7. 糊粉粒　8. 下表皮

(六)木 材

1. 木材宏观构造

边材与心材区别不是很明显,木材淡红褐色至红褐色带灰色,有时心材部分比边材部分颜色较深,偶见红褐带紫色。生长轮明显或略明显,轮间界以浅色细线区分,宽度在 1~5mm,不均匀,多在 3mm 左右。早材与晚材区别不明晰,过渡缓变;管孔小至极小,数量较少,肉眼下不可见,呈白色小点,放大镜下明晰;大小颇相近,均匀分布在生长轮内,为比较典型的散孔材。轴向薄壁组织不可见。木射线细,肉眼下可见,放大镜下明显,数量较多,在径切面上木射线形成美丽的花纹,在弦切面可见许多参差不齐的深色短线。木材纹理直或微斜,肌构细致均匀。无特殊的气味和滋味。无波痕。无树胶道。木材刨削面有光泽。木材较重和硬,髓心圆形,直径 1~2mm,实心,浅褐色。常具髓斑。材身多圆满。材表具细条纹,有时具有明显的突棱。

2. 木材微观构造

对木材导管、轴向薄壁组织、木射线和木纤维的构造观察结果如下:

(1)导管。导管的横切面为卵圆形、椭圆形或圆形;每平方毫米 10~30 个。管孔组合,多为单管孔及 2~4 及以上组成短径列复管孔,稀见管孔团,散生。最大弦径 90μm,多数 65~80μm;壁厚 2~3μm;导管分子长度在 250~600μm,多数长在 400μm。心材偶见侵填体。管间纹孔式互列,多边形,纹孔只内函,透镜形。穿孔板略倾斜至倾斜,单穿孔,卵圆形或椭圆形。导管与射线薄壁细胞间纹孔似管间纹孔。导管内壁具螺纹加厚,螺纹在较大导管壁上水平或略倾斜,在小导管壁上螺纹倾斜较大且较明显。

（2）轴向薄壁组织。数量较少,既具傍管类稀疏傍管型,又具离管类星散型和轮界型。轴向薄壁细胞常有菱形晶体,多室分隔,含晶细胞连续可多达30个以上。在早材与晚材交界处的弦切面上可见单一的纺锤形薄壁细胞,内壁具有明显的节状加厚即简单纹孔。

（3）木射线。非叠生,每毫米4~6根。多列射线为主,单列射线高1~8个细胞,多列射线宽2~4个细胞,高15~40个细胞。射线组织为同形单列及多列,多列射线偶见异形Ⅲ型。部分射线细胞含有树胶,晶体未见。端壁节状加厚及水平壁纹孔均明显。

（4）木纤维。以纤维管胞为主,有时亦见具有裂隙状单纹孔的韧型纤维。木纤维长度在580~1100μm,一般长度至800μm左右;胞壁厚度在1.5~2.5μm,弦向直径在10~20μm。纤维管胞侧壁具缘纹孔清晰,纹孔口函或外层,透镜形或裂隙状。木材显微构造特征如图3-11。

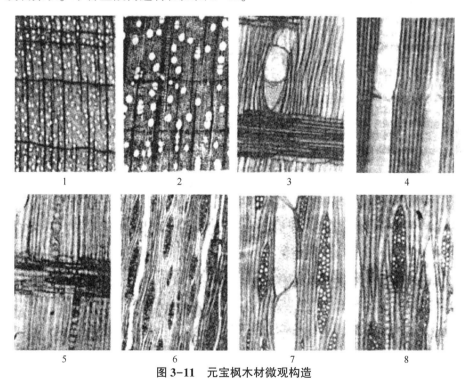

图3-11　元宝枫木材微观构造

1. 端面示散孔材,生长轮不均匀　2. 端面示单管孔及短径列复管孔　3. 径面示单穿孔,同形木射形

4. 径面示导管螺纹加厚　5. 径面示离管类星散型轴向薄壁组织并其多室分隔含晶细胞

6. 弦面示以多列木射线为主亦具有单列木射线　7. 弦面示导管壁具多边形互列纹孔

8. 弦面示具轮界型轴向薄壁组织且为多室分隔含晶细胞

3. 木材的物理力学性质

元宝枫木材常规的物理力学性质测定的结果见表 3-1,其各项指标的变异系数除弦向干缩系数和冲击韧性较大外,都在 20% 以下,符合国家标准木材物理学试验方法所规定的要求。参照《中国主要树种的木材物理力学性质》关于木材物理力学性质分级表的规定:元宝枫木材的气干密度为 0.738g/cm^3,属中等;顺纹抗压强度 56.68MPa/cm^2,属中等;抗弯强度 130.33MPa/cm^2,属高等;冲击韧性 8.47MPa/cm^2,属高等;端面硬度 92.87MPa/cm^2,属于硬。综合以上五项指标,元宝枫木材力学性质属于中至高。

表 3-1 元宝枫木材物理力学性质

测试项目	平均值($\bar{X}$)	变异系数($\bar{V}$%)	准确指数(P%)
生长轮宽度(mm)	1.7	8.1	
基本密度(g/cm^3)	0.593	8.2	1.4
气干密度(g/cm^3)	0.738	26.0	1.3
径向干缩系数(%)	0.169	18.6	4.1
弦向干缩系数(%)	0.279	18.4	2.9
体积干缩系数(%)	0.454	17.4	2.8
顺纹抗压强度(MPa/cm^2)	56.68	11.2	1.6
抗弯强度(MPa/cm^2)	130.33	13.5	2.1
抗弯弹性模量(MPa/cm^2)	14121.58	7.1	1.3
径面顺纹抗剪强度(MPa/cm^2)	16.77	10.0	1.4
弦面顺纹抗剪强度(MPa/cm^2)	18.34	9.0	1.5
径向局部横纹抗压强度(MPa/cm^2)	18.63	14.2	2.1
弦向局部横纹抗压强度(MPa/cm^2)	12.36	22.1	3.4
径向全部横纹抗压强度(MPa/cm^2)	12.85	19.1	2.8
弦向全部横纹抗压强度(MPa/cm^2)	9.02	16.0	2.2
顺纹抗拉强度(MPa/cm^2)	150.63	15.8	2.3
冲击韧性(MPa/cm^2)	8.47	28.2	3.7
端面硬度(MPa/cm^2)	92.87	15.2	2.0
径面硬度(MPa/cm^2)	74.82	19.8	2.6
弦面硬度(MPa/cm^2)	79.24	18.9	2.5
径面劈开强度(MPa/cm^2)	2.07	15.2	1.8
弦面劈开强度(MPa/cm^2)	2.43	18.5	2.2

注:试验材料产地为陕西省宝鸡市凤县。

4. 木材用途

由于元宝枫木材结构细致均匀,密度中等,材色悦目,常具美丽的花纹和光泽,加工面光洁耐磨,是理想的室内装饰用材。如楼梯扶手、墙裙板、地板条;胶合板面板或刨削薄木用材;各类高级家具用材;美工、雕刻、玩具和细木工用材;车辆、体育运动器械用材;在纺织行业制作各类纱管、压缩木木梭(图3-12),走梭板、清花机木帘子等;在军工生产中制作手榴弹柄、枪托、飞机螺旋桨及机面材料;在乐器工业中用于钢琴上的琴框和内部机件、提琴的琴背板等;在日常生活用品中可制作鞋楦、鞋跟、木梳、木尺、算盘、牙签、象棋、擀面杖、工具柄等;元宝枫木材还是高级仪器仪表箱盒的理想材料。但因木材耐腐性较差,应注意不宜在室外露天使用。

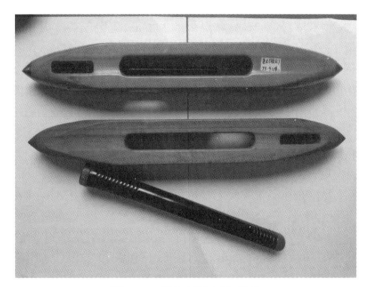

图3-12 纺织用的木梭、纱管

第四章　元宝枫的生态学特性及生态价值

第一节　元宝枫的生态学特性

元宝枫是一种适应性、抗逆性很强的树种。目前,我国尚存的元宝枫天然林,主要分布在辽宁西部和内蒙古科尔沁沙地和半荒漠、半草原的低山丘陵地区。该地区气候干旱,冬季寒冷,年降水量370mm,集中于7~8月占年降水量的70%,蒸发量2300mm,为年降水量的6倍。年日照时数为3000h。冬季多西北风,春季多西南风,年均风速4.2m/s,7~8级大风年平均出现日数在70天以上,个别年份超过100天。春季降水量少,干旱、大风天数多,松散的沙漠地表一旦失去防护性植被即出现沙漠化现象。元宝枫就是在这样恶劣的条件下顽强地生长着,结实累累,繁衍后代。现将元宝枫在我国主要分布地区对生态环境因子的要求简述如下:

(一)温　度

元宝枫主要分布在温带及暖温带地区,为喜温性树种,它对温度的适应幅度比较宽,在年平均气温9~15℃,极端最高气温42℃以下,极端最低气温不低于−30℃的地区,植株均能正常生长发育。我国元宝枫主要产区一般平均气温10~14℃,1月平均气温−7~4℃,7月平均气温19~29℃,极端最低气温−25~−4℃。如陕西榆林地区,在极端最低温度为−25℃条件下,元宝枫树木生长正常,且硕果累累。元宝枫栽培区向西北移植,如新疆玛纳斯地区,栽植的元宝枫树木虽能生长,但在冬季枝梢往往遭受冻害,在这些地区栽培元宝枫时应慎重。

(二)水　分

元宝枫耐旱能力较强,在年降水量250~1000mm条件下,均能生长。目前我国元宝枫大部分栽植在丘陵、山区,缺乏灌溉条件,因此天然降水成了元宝枫树水分供应的主要来源。1995~1997年,陕西持续遭受三年大旱期间,宝鸡市林业局三年荒山绿化结果显示,元宝枫苗木栽植后成活率最高,高于刺槐、油松等耐旱树种。由此说明,元宝枫具有较强的耐干旱特性。但是,该树种不耐涝,在地下水位过高或土壤长期太湿地区,生长不良,而在湿润且排水良好的条件下,生长迅速,发育较好。

(三)光 照

元宝枫为喜光树种,幼苗可忍耐侧方庇荫。在光照比较充足的地方,元宝枫树木枝条生长充实,树势强壮。而生长在光照较差的林下或长年光照不足的地方,则生长势弱,冠幅小。如初植密度较高的元宝枫林,林木郁闭后,植株粗生长速度缓慢,林内大量侧枝枯死,仅在树梢部分保留较小的树冠,高生长速度比稀疏林快,这是为了争夺光线而造成的。而林缘树或孤立树由于接受光照相对充足,因而枝繁叶茂,生长旺盛。另外,处于半遮阴状态下的元宝枫树木,一般结实差,产量低。例如,在陕西杨陵,有一些树龄已进入盛果期的元宝枫大树,其树体上的大部分树冠,长期处在其他树种的庇荫之下,在这部分树冠的枝组上,很少能见到成熟种子。但在另外少部分能直接接受光照的树冠上,往往着生着大量成熟种子。同时,由于元宝枫树木的喜光特性,致使上述的这些元宝枫树木出现偏冠现象。

(四)土 壤

元宝枫对土壤有较强的适应性。在微酸性、中性、微碱性及钙质土上均能生长。但元宝枫在不同土壤上的生长发育差别较大。影响元宝枫生长的土壤条件主要有土壤质地、土层厚度、肥力以及土壤酸碱度等。土壤质地以沙壤土、壤土为最好,过于黏重、透气性差的土壤上元宝枫生长不良。土层较薄或过于贫瘠的土壤中,元宝枫生长也不良。元宝枫除种子萌发期外其幼树和成年树对土壤酸碱度的适应范围较广,pH值 6.0~8.0 范围内都能正常生长。因此,在生产上为了使元宝枫树木生长健壮,丰产优质且寿命长,宜将该树种栽植于土层深厚、肥沃、疏松、排水良好的沙质壤土或壤土地上。

第二节 元宝枫的生态价值

元宝枫由于其固有的植物学、生物学特性,在生态环境建设中,有以下非凡的特性。元宝枫对各种复杂的气候条件适应能力强,耐寒冷,耐高温。元宝枫能耐−45℃的严寒和60℃的地面高温。对复杂地理条件的适应能力强,无论是山地、丘陵、沙地、高原还是平地、坡地、沟谷,元宝枫都能生长。在海拔100m的山东海边,以及海拔近4000m的青藏高原都可以生长。元宝枫对各类土壤条件的适应性强、耐贫瘠,在恶劣的科尔沁沙地生态环境中,仍健壮生长,结果累累。在云贵高原的酸性土壤上生长良好。

一、荒漠干旱地区造林的先锋树种

元宝枫耐旱、耐瘠薄,是一种很好的荒山绿化和水土保持树种。利用荒山营造元宝枫生态经济林,既不与农田争地,又能发挥元宝枫的生态、经济、社会效益,是今后元宝枫发展的一个重要方向。

　　荒山造林地可因其上的植被不同可划分为草坡、灌丛、撂荒地、石质山地等。荒山草坡因植物种类及其覆盖度不同而有很大差异。消灭杂草,尤其是消灭根茎性杂草(以禾本科杂草为代表)及根蘖性杂草(以菊科杂草为代表),是在荒草坡上造林的重要问题。荒草植被一般不妨碍种植点的配置,因而可以均匀配置造林。当造林地上灌木的覆盖度占总盖度的50%以上时即为灌木坡。灌木坡的立地条件一般都比草坡好,但也因灌木种类及其总盖度而异。灌木对幼树的竞争作用也很强,高大茂密的灌丛的遮光及根系竞争作用更为突出,需要进行较大规模的整地。撂荒地是指停止农业利用一定时期的土地,一般土壤较为瘠薄,植被稀少,有水土流失现象,与荒山荒地的性质接近。

　　1993年以来,在中德合作陕西西部造林工程中,宝鸡市林业局将元宝枫作为抗旱造林的主要树种,在项目施工区的宝鸡、千阳、陇县、麟游等县广泛栽植,取得良好效果。1995年对宝鸡县八里庄林场1993年在不同立地类型上营造的元宝枫林的生长调查(表4-1)表明,在4个不同立地条件下,树木都能正常生长,在向阳坡灌丛地,生境比较恶劣的环境下,元宝枫与和它同年栽植的油松裸根苗相比,生长要好得多。另外,从调查的4个立地类型来看,在阴向梯地、土层较厚、土壤湿度相对较大的条件下,生长最好,尤其是新梢生长量表现最为明显。

表4-1　不同立地类型元宝枫生长量调查

立地类型	调查			造林		生长状况					
	标准地(个)	株数(株)	密度(m)	树龄(年)	平均冠幅(m)	树高(m)		胸径(m)		新梢长度(cm)	
						平均	最高	平均	最高	平均	最高
阳向侵蚀沟荒坡	3	22	2×3	4	1.62×1.52	1.95	2.56	3.02	3.60	48.7	70.0
阳坡灌丛地	3	18	2×1.5	4	1.15×1.07	1.61	2.20	2.37	2.88	36.0	46.4
阴向梯坡	4	27	2×3	4	1.60×1.58	2.26	2.95	3.07	3.87	55.3	99.0
开阔平缓沟底	8	34	3×4	4	1.58×1.38	1.87	2.58	3.20	3.95	43.4	60.0

　　经对1994~1995年宝鸡、陇县北部山区春季造林调查,结果表明,元宝枫荒山造林成活率明显高于其他树种,尤其在1995年陇县遭受百年不遇的大旱之年,元宝枫表现出很强的抗旱能力,荒山造林成活率名列第一(表4-2)。

表4-2　元宝枫与其他几个树种造林成活成率比较

造林时间(年/月/日)	元宝枫(%)	刺槐(%)	核桃(%)	油松(%)	侧柏(%)	山杏(%)	板栗(%)
1994/04/05	88.2	82.3	41.7	84.0	73.3	20.7	78.0
1995/04/05	34.6	27.2	13.4	29.4	18.0	5.9	21.5

1994年在陇县麻家台乡,选择不同苗龄元宝枫造林,并对4年生幼树采取截干措施。结果表明,在同一立地条件下,采用1年生小苗造林,不论成活率还是当年生长量都高于多年生幼树。对幼树采取截干措施,能显著提高造林成活率(表4-3)。

表4-3　不同苗龄及处理措施造林成效对比

苗龄 (年)	调查株数 (株)	成活率 (%)	平均抽新梢长 (cm)	平均枝长 (cm)	平均发枝量 (个)
1	85	80.5	13.7	9.0	12
2	68	65.7	12.2	8.0	13
3	53	20.9	10.8	4.0	8
4	72	22.2	10.3	5.0	7
4	80	43.1	30.0	23.6	9

从上述中德合作陕西西部造林工程中,元宝枫荒山造林实践可以说明:

(1)元宝枫侧根发达并含有VA菌根和外生菌根,耐干旱气候条件,在低山较干燥的阳坡或沙丘等恶劣生境上也能生长。在阴湿山谷立地条件较好的地方,生长更好。

(2)降水量正常的年份,元宝枫造林宜选用2年生苗,不要截干。在土壤含水率较低时,宜选用1年生生长健壮、根系发达的小苗造林,或者2年生大苗截干,以减少蒸腾,提高成活率。

(3)元宝枫侧枝多,干形差,栽植不宜过稀。株行距宜采用2m×3m或2m×1.5m。为了防止天牛危害,在旱区大面积造林可与油松、沙棘、侧柏、山杏、沙冬青、柽柳、樟子松等树种混交。

(4)元宝枫是近年开发的重要木本油料树种,集药用、保健、用材于一体,有很大的发展潜力,尤其在干旱地区,是取代刺槐的理想树种。在我国北方干旱地区栽植发展元宝枫,不仅能绿化荒山,而且对改变树种生态结构有重要意义。

二、科尔沁沙漠中的"生态卫士"

元宝枫是抗旱、耐瘠薄、生命力极强的具有菌根树种。元宝枫根部具有两类菌根,一类是固磷的VA菌根,另一类是外生菌根,两类菌根皆有在植物界并不多见,菌根赋予元宝枫以强大的生命力。

目前,我国仅存的元宝枫天然林在内蒙古科尔沁沙地(哲里木盟)约有11万亩,最大的树龄有300年以上,一般为100年以上。该地区以新月形沙丘链为主,坡度在15°~35°,海拔高在850~1200m之间。其气候特征是春旱多风沙、夏温热雨水集中、秋凉爽而短促、冬寒冷漫长。年平均气温5.2℃,≥10℃积温2900℃,年均降水量350mm,年平均蒸发量为2390mm,年平均日照3132h,无霜期120天。全年平均风速3.3~3.9m/s,最大风速为28~31m/s,六级以上大风日数平均57天,八级以上大风日数39天,风沙日数107天。风多、风大与干旱是这一地区气候的显著特点。

就在这样恶劣气候环境下,在干旱贫瘠的沙地上,元宝枫顽强地挺立在沙漠中,是防风固沙的"生态卫士"。在京津风沙源生态安全中起着重要作用(图4-1)。

图4-1 元宝枫林——科尔沁沙地防风固沙的"生态卫士"

(1)在强烈风蚀下,沙地中元宝枫暴露出其强大的根系,抵抗着恶劣环境,支撑着高大的树冠(图4-2)。

图4-2 科尔沁沙地元宝枫暴露强大的根系、花繁叶茂(一)

图4-2 科尔沁沙地元宝枫暴露强大的根系、花繁叶茂(二)

(2)在如此恶劣的生态环境中,元宝枫以其顽强的生命力,仍然花繁叶茂,风姿挺秀,果实累累(图4-3)。

图4-3 科尔沁沙地元宝枫花繁叶茂,果实累累

三、生态环境脆弱地区的致富树

内蒙古科尔沁沙地中的元宝枫林,是目前我国保留下来最大的一块元宝枫种群。

在科尔沁沙区购销元宝枫种子的经销商,每年都获得可观的经济效益。但是,居住在该地区的农牧民并没有得到实际利益,他们对元宝枫的经济价值不了解,在沙地辛苦采收的元宝枫种子出售后,仅获得微薄的经济收入,因而当地群众不可能主动关心和保护元宝枫林,破坏比较严重。如图4-4,是王性炎在

科尔沁沙地
元宝枫林亟待保护

■王性炎

金秋时节,在内蒙古通辽市科尔沁沙地,一片片火红的红枫林(元宝枫)与蓝天配映十分壮观。我带领渴望开发元宝枫产业的企业家们,于2001年10月和2003年10月,两次进入科尔沁沙地考察元宝枫林,获得意外的惊喜和收获。通过实地考察,从该地区收购到大量元宝枫种子,为四川、云南、陕西、山西省从事元宝枫开发生产的企业家,建立了各省的原料生产基地,生产了多种保健品、化妆品和医药原料,获得了较好的经济、生态和社会效益。

元宝枫是槭树科槭属植物,又名平基槭、华北五角枫,是中国的特有树种,我国历来将元宝枫作为观赏绿化风景林栽植,是北京"香山红叶"组成树种之一。

内蒙古科尔沁沙地中的元宝枫林,是目前我国保留下来最大的一块元宝枫种群。据当地年老的牧民讲,新中国成立初期,这里有30多万亩枫林,随着人口的增长,畜牧业的发展,大量砍伐用作生活燃料和草场围栏以及木制用品。加之草原沙化和滥牧的影响,给当地元宝枫林的生存和发展带来了严重影响,目前仅存3万~4万亩,面临着资源锐减,分布区域萎缩等严峻形势。兹建议:

一、强化保护

1.建立沙地元宝枫自然保护小区。该地区位于内蒙古科尔沁特旗中部,科尔沁沙地的西缘,距科尔沁牧场所在地——乌力吉约100公里,该地区地势西高东低,海拔850～1200米之间,以新月型沙丘为主,域

度在15～35度左右;年降雨量350毫米,年蒸发量2350毫米;主要风向为西北风,全年六级以上大风日数60天左右,八级以上大风日数约40天,风沙日数107天;无霜期120天。该地区是我国生态地位最重要的地方,应该是京津风沙源治理工程的重点地区。建议依照有关法律、行政法规建立"沙地元宝枫自然保护小区",保护好元宝枫林的生境地,使其休养生息,逐步扩大其种群面积,作为我国元宝枫生境恢复试验区,不断恢复原来的生态环境,使之有效遏制该地区的土地沙化进程,减轻北京、天津等地的风沙危害。

2.严禁滥砍乱伐。教育当地农牧民爱护自己的生态环境,加强防灾自护意识,再勿砍伐元宝枫林用作燃料、木制品和草场围栏,必须用水泥桩建立草场围栏,限制不合理的利用行为。

3.禁止放牧。实行禁牧舍饲,以防止牛羊啃食幼树。必要时对少数农牧户实行生态移民,以促进元宝枫林的天然更新进程。

二、健全体制

科尔沁沙地元宝枫林,主要分布在箭特旗中部,多呈块状分布,一般树龄多在70年以上,尚未发现对该地区元宝枫的详细调查资料。建议组织专业人员调查摸清资源现状,完善管理机构,建立利益导向制度,以充分调动各级行政主体、企业主体、社会、个人不同投入主体,共同防治沙漠化和原生植被的保护和利用。

三、勇于创新

近年来,从事元宝枫产业开发的一些企业,已开始获得较好的经济效益。例如四川省元宝生态资源开发有限公司,从内蒙古赤峰地区采购元宝枫生命油、元宝养生茶、元宝醇饮料、元宝化妆品等产品。投放市场以来,深受群众欢迎,产品还远销到新加坡和台湾地区,经济收益达1320余万元。该公司还利用沙地元宝枫种子播种育苗500余亩,培育元宝枫苗木1500万株,在四川眉山、西昌、雅安、彭山及重庆等地,结合国家退耕还林政策,采取"公司+农户"的模式,发展元宝枫人工林98300余亩,栽植1572.8万株。公司保证20年收购元宝枫果和叶,解决农户退耕还林8年后怎么办的难题,共帮助53210户农民致富,农户初期收益达850余万元。

在科尔沁沙区购销元宝枫种子的经销商,每年都获得可观的经济效益。但是,居住在该地区的农牧民并没有得到实际利益,他们对元宝枫的经济价值不了解,在沙地辛苦采收的元宝枫种子出售后,仅获得微薄的经济收入,因而当地群众不可能主动去关心和保护元宝枫林,破坏比较严重。因此,建议当地政府高度重视科尔沁地区元宝枫林的保护和培育,建成乔、灌、草相结合的高效稳定的生态系统,把保护和合理利用元宝枫与农民增收和农业产业结构调整紧密结合起来,走出一条治沙、治穷、致富的新路。

图4-4　2004年11月在《中国林业》月刊发表建议性文章

2004年11月《中国林业》(2004.11B 总第575期)上发表的《科尔沁沙地元宝枫林亟待保护》一文,建议当地政府高度重视科尔沁沙地元宝枫林的保护和培育,建成乔、灌、草相结合的高稳定的生态系统,把保护合理利用元宝枫与农民增收和农业产业结构调整紧密结合起来,走出一条治沙、治穷、致富的新路。

近年来,从事元宝枫产业开发的一些企业,已开始获得较好的经济效益。如四川省元宝枫生态资源开发有限公司,从内蒙古赤峰地区采购元宝枫种子50余t,先后开发生产出元宝生命油、元宝养生茶、元宝醇饮料、元宝化妆品等产品。投放市场以来,深受群众欢迎,产品还远销到新加坡和中国台湾地区,经济收益达1320余万元。该公司还利用沙地元宝枫种子播种育苗500余亩,培育元宝枫苗木1500万株,在四川眉山、西昌、雅安、彭山及重庆等地,结合国家退耕还林政策,采取"公司+农户"的模式,发展元宝枫人工林98300余亩,栽植1572.8万株。公司保证20年收购元宝枫果和叶,解决农户退耕还林8年后怎么办的问题,共带动53210户农民致富,农户初期收益达850余万元。

第五章　元宝枫的生理学特性

第一节　光合作用特性

光合作用是绿色植物吸收太阳光能,同化二氧化碳,制造有机物质,并释放出氧的过程。其主要产物是糖,其产物可进一步转化形成蛋白质、核酸、脂类以及其他有机物质,是植物生命活动的基础。

一、光合作用速率

采用光合作用干物质增加量和 CO_2 吸收量分别测试,其结果表明,不同生育期,特别是不同叶龄的元宝枫光合速率不同,而且因环境条件各异。光合速率见表 5-1。同时利用 ADC_3 便携式光合仪在田间对三年生元宝枫苗木,分别在 6 月和 7 月进行光合作用测定。结果表明,元宝枫在光强 $76\sim1350\mu mol/(m^2\cdot s)$ 范围内,光合速率随光照强度的增加而升高。根据测试显示,元宝枫光合作用光补偿点为 $3000\sim4000lx$,光饱和点为 6 万~7 万 lx,随着环境条件的变化(如水分、光照等),生长状况有所差异。

元宝枫属喜光植物,但由于叶片较薄,光照过强,叶温升高,叶片失水,气孔阻力增大,影响叶肉细胞间隙中 CO_2 扩散,光合速率下降。元宝枫叶的光合速率适宜温度:一般气温为 $25\sim29℃$;在 7 月上旬晴天,上午 $10:00\sim11:00$ 气温为 $34\sim35℃$,空气相对湿度 60%,叶温可达到 $36\sim37℃$,光通量密度为 $2027\mu mol/(m^2\cdot s)$,在这样高温天气情况下,元宝枫叶净光合速率为 $3.4\sim4.7CO_2\mu mol/(m^2\cdot s)$ 之间,其叶片仍能维持一定的光合速率。

表 5-1　元宝枫光合速率的测定(改良半叶法)

编组号	光合速率[$mg/(cm^2\cdot h)$]		备　注
	5 月	6 月	
1	0.167	0.233	
2	0.145	0.245	光照强度 5 万~8 万 lx,
3	0.154	0.264	大气温度 $26\sim32℃$
4	0.158	0.252	
5	0.155	0.240	

（续）

编组号	光合速率[mg/（cm² · h）]		备 注
	5月	6月	
ΣX	0.779	1.234	
X	0.1558	0.2468	

元宝枫光合速率在生长季节日变化总趋势为双峰型。一般在上午 10:00~11:00 光合速率最高，13:00~14:00 气温最高时光合速率最低，下午 16:00~17:00 光合速率回升，但仍低于上午的光合速率。光合速率日变化及其环境因子见表 5-2。由于环境因素的变化，有时测定出现光合速率日变化量单峰曲线，11:00~12:00 最高，下午回升较小或不回升。

表 5-2 元宝枫光合速率日变化及其环境因子

时间	Pn	PPFD	T_A	T_L	RH
08:00	3.32	968	26	26	85
09:00	4.85	1020	27	27	80
10:00	6.83	1423	28	29	70
11:00	7.35	1650	29	30	65
12:00	6.50	1756	30	32	60
13:00	5016	1773	32	34	45
14:00	4.25	1632	33	34	45
15:00	4.36	1450	31	32	45
16:00	5.25	1152	30	31	50
17:00	4.13	1025	29	30	55

注：Pn 为净光合速率[$\mu mol/（m^2 \cdot s）$]；T_A 为大气温度（℃）；PPFD 为光通量密度[$\mu mol/（m^2 \cdot s）$]；T_L 为叶温（℃）；RH 为空气相对湿度（%）。

二、气孔传导率（C_s）的日变化

气孔传导率（C_s）的变化清晨最高为 0.8cm/s，随后明显降低，12:00 降至一天的最低值 0.22cm/s，此后一直保持在较低水平。气孔传导率（C_s）的变化与气孔阻力（R_s）呈明显的负相关。中午时蒸腾强烈，气孔传导率（C_s）降低和气孔阻力（R_s）增高可减少水分的丢失，反映了元宝枫对水分亏缺的适应能力。气孔传导率的日变化如图 5-1。

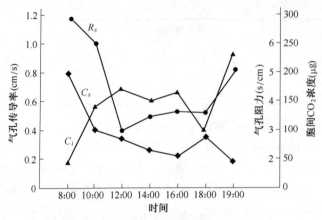

图 5-1   元宝枫叶片气孔传导率的日变化

R_s 为气孔阻力；C_i 为胞间 CO_2 浓度；C_s 为气孔传导率

三、叶绿素含量

叶片中叶绿体的光合色素是吸收光能并将光能转化为化学能的重要物质，其中，叶绿素是光合作用过程中最重要和最有效的色素，其含量的大小能反映出植物碳同化物质能力的大小。而叶绿素 a 和叶绿素 b 含量的差异又可反映出叶片在吸收光谱和溶解度方面的差别。

从测定结果看出（表 5-3、表 5-4），元宝枫叶片中叶绿素总量在 3.9~8.4mg/L 之间，其中叶绿素 a 在 2.5~4.2mg/L 之间，叶绿素 b 在 1.7~2.03mg/L 之间，叶绿素 a 的含量大于叶绿素 b 的含量，说明元宝枫叶片对红光具有较大的吸收量，叶绿素的含量之所以有波动，是因为元宝枫叶片颜色的不一致所造成的，如：有的叶片为纯绿色；有的是绿色中带有红色；有的叶片是紫红色。另外，叶龄、生长部位、营养水平对叶绿素的含量也有影响。同时，测定了 7 年生树功能叶片在不同含水量状况下，叶绿素总量的变化。采用自然失水的方法，未处理叶片叶绿素含量为 7.56mg/L；叶失水 20% 时，叶绿素含量为 7.48mg/L；失水 40% 时为 7.34mg/L；失水 60% 为 6.23mg/L。自然风干叶片叶绿素虽然已失去活性，但其含量为 5.57mg/L，叶片仍保持绿色。

表 5-3   元宝枫叶片中叶绿素的定量测量（1 年生苗）

编号	D_{652} 平均值	叶绿素总量（mg/L）
1	0.1375	3.985
2	0.230	6.670
3	0.290	8.400
4	0.230	6.670

（续）

编号	D_{652}平均值	叶绿素总量(mg/L)
5	0.240	6.960
6	0.1375	3.985
7	0.2225	6.450
8	0.216	6.232
9	0.160	4.638
10	0.222	6.435
11	0.2275	6.600
平均		6.093

注:D_{652}是波长在652nm叶绿素溶液的光密度值。

表5-4 元宝枫叶片中叶绿素 a 和叶绿素 b 的含量(2年生苗)

叶片鲜重 (mg)	叶绿素 a 的含量 (mg/L)	叶绿素 b 的含量 (mg/L)	a/b 值	叶绿素总量 (mg/L)
93.70	1.9622	0.9465	2.073	2.9087
97.60	2.1625	1.0045	2.153	3.1670
100.0	2.5314	1.7248	1.468	4.2562
100.0	4.1523	2.0290	2.047	6.1794

第二节 水分生理特点

一、蒸腾强度和蒸腾速率日变化

蒸腾作用与植物体内各种生理活动有密切关系,特别是蒸腾失水所造成的水势梯度是植物吸收和运输水分的主要驱动力,尤其是木本植物的吸水。蒸腾强度还可作为确定植物需水程度的重要指标,其测定结果是,元宝枫1年生、2年生苗随植株的生长,叶蒸腾强度在14.15~24.30[g/(m²·h)]之间,平均为18.9[g/(m²·h)]。叶蒸腾强度见表5-5。

表5-5 元宝枫叶蒸腾强度

苗龄	测定时期[H_2O g/(m²·h)]		
	5月中旬	6月中旬	7月中旬
1年生出苗	14.2	18.4	24.5
2年生出苗	14.1	17.6	24.1

元宝枫叶蒸腾速率的日变化,随光强度、大气温度的日变化有一定变化,表现出双峰曲线见图5-13。由于受气温、光强、湿度等因素的影响,元宝枫蒸腾速率的日变化有时也表现出一个单峰曲线,8:00~14:00逐渐升高,此后渐降低。苗木蒸腾速率日变化与水分利用率如图5-2、图5-3。

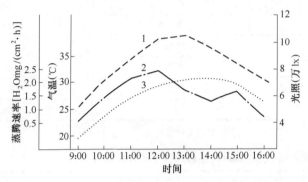

图5-2　元宝枫苗木蒸腾速率日变化
1. 光照　2. 蒸腾速率　3. 气温

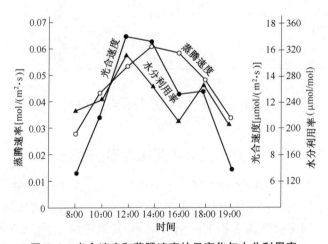

图5-3　光合速度和蒸腾速率的日变化与水分利用率

二、叶组织保水力和细胞膜透性

叶组织保水力常用来表示叶组织抗脱水性能的大小,与植物的抗旱性有一定关系。我们根据生长量大小不同的叶片,分三组在不同时间测定叶组织失水量。其结果表明,正在扩大生长的叶片失水量最多,随着叶面积不再扩大生长时,叶片失水量减少。在不同时间里叶水分损失除在最初1~2h失水速率快,以后时间内叶失水较慢。同时,在7h后成熟叶失水不超过20%,说明元宝枫保水力较强。不同叶龄叶组织保水力如图 5-4。

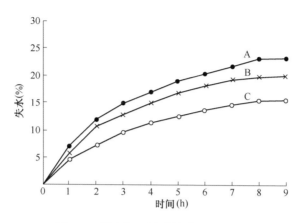

图 5-4 元宝枫不同叶龄叶组织保水力

A. 幼叶 B. 生长叶 C. 成熟叶

植物组织在受到各种不利环境条件危害时,细胞膜的结构和功能首先受到伤害,使膜透性增大,组织受伤害越严重,电解质外渗增多。我们将元宝枫枝叶经过 2h 失水处理,用电导仪测定其叶片细胞膜透性。结果表明,处理叶片细胞膜透性大于对照,正常生长的叶片细胞膜相对透性为 28.16%,处理过的相对透性为 33.9%,叶片的平均伤害率为 7.85%。第 3 组叶组织比第 1 组、第 2 组幼嫩,处理后细胞膜的伤害率为 15.54%,比成熟叶片高。叶片细胞膜的透性见表 5-6。

表 5-6 元宝枫叶片细胞膜的透性

组 号	细胞膜相对透性(%)		细胞膜的伤害率(%)
	处理	对照	
1 组	27.52	26.67	1.23
2 组	38.70	34.20	6.80
3 组	34.48	23.61	15.54
平均	33.90	28.16	7.85

三、叶水势日变化

元宝枫叶水势的变化受光照强度、大气温度、湿度、土壤水分等因素的影响,而叶水势的变化又影响叶的生理生化功能,直接影响光合作用过程。测试在土壤含水量为 23%,晴天条件下,元宝枫水势的日变化,如图 5-5。反映出其水势和相关环境因子的关系。

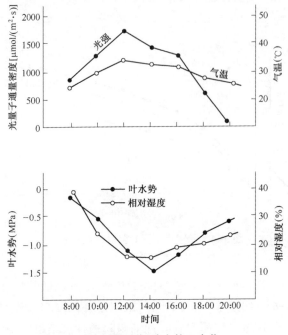

图 5-5 元宝枫叶水势日变化

四、枝条木质部栓塞及水势的变化

木质部栓塞是木本植物受水分胁迫时普遍存在的一种生理现象。木质部栓塞化可直接引起木质部导水率的下降,从而影响植物正常的生理活动,甚至存活。植物体的含水量和水势一样,存在着日变化和季节的变化,认识其变化规律,对苗圃和林分经营管理有实际指导价值。根据张硕新等对陕西关中 10 种阔、针叶树的研究,结果表明,元宝枫与其他 9 种树种一样,枝条木质栓塞均具有日变化和季节变化特征,各树种不同。其变化特征如图 5-6、图 5-7。

木质部栓塞程度的大小与树种有关,针叶树和阔叶树明显不同,针叶树木质部栓塞的日变化幅度较小,不明显,导水率损失的百分数比阔叶树也小。木质部栓塞程度上的差异反映出树木输水结构上的差异,一般来说,导管直径及长度大于管胞,大管道往往易栓塞。树木木质部栓塞的季节变化也受气候因子的影响,冬季树体受寒和干旱的双重胁迫,相应的木质部栓塞程度也大,秋季降水量多,树体水势较高,相应的木质部栓塞程度就小,因此水分和温度因子决定木质部栓塞程度大小。

元宝枫树在生长季节中 1 年生枝条木质部水势日变化,在早、晚水势较高,上、下午较低,特别是下午水势更低,导水率损失多。在一年四季中 6~11 月枝

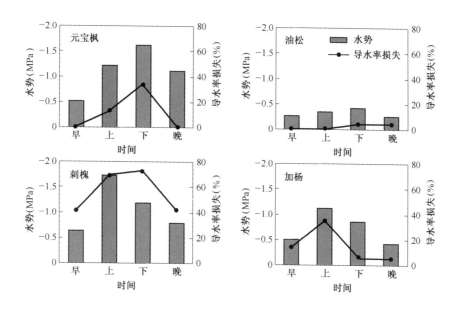

图 5-6　生长季节中元宝枫树 1 年生枝木质部栓塞及水势日变化

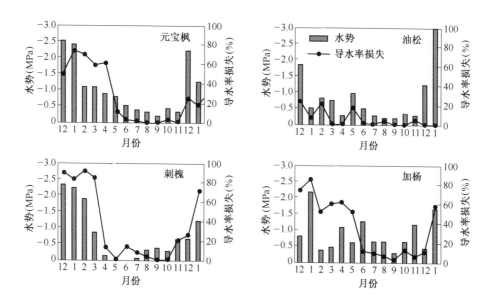

图 5-7　元宝枫与其他树种 1 年生枝年木质部栓塞及水势月变化比较

条中水势高导水率损失少,在冬季 12 月至翌年 1 月枝条水势低,如果土壤严重缺水,空气干燥,经常伴有大风天气可能发生干梢。

五、应用 P-V 技术分析元宝枫水分生理特点

P-V 技术即压力—容积分析技术,是通过压力室法测定绘制出植物试样的 P-V 曲线,求得多种水分状况参数。由 P-V 曲线可得到被测试植物体或某一器官的许多水分状况指标,这些指标可以阐明植物体在不同环境中的体内水分生理特征。应用 P-V 技术对元宝枫进行测试研究参数,见表 5-7。

表 5-7 不同土壤水分对元宝枫苗木有关水分参数影响

SWC (%)	胁迫时间 (周)	φ_π^{100} (MPa)	φ_0 (MPa)	$M_{ro\pi p}$ (%)	$M_{r\pi p}$ (%)	m_a (%)	φw (MPa)
20	3	-1.37	-2.40	86.90	91.40	37.96	-0.27
	6	-1.39	-2.42	86.43	90.65	38.15	-0.32
15	3	-1.45	-2.58	73.36	83.56	40.17	-0.78
	6	-1.56	-2.67	70.29	79.90	41.92	-1.60
10	3	-1.66	-2.70	69.32	76.83	42.66	-1.60
	6	-1.84	-3.30	60.15	73.25	44.78	-2.22
5	3	-1.82	-3.35	63.26	71.73	45.92	-2.47
	6	-1.90	-3.63	61.15	68.45	53.97	-3.40

1. 不同土壤水分对元宝枫 1 年生苗水分状况影响

(1)叶水势(φ_w)和束缚水含量(m_a)的变化:从表 5-7 可见,随土壤含水量的降低和胁迫时间的延长,叶水势显著降低,M_s 为 5% 处理 6 周后,叶水势降至 -3.40MPa,与 M_s 为 20% 的(-0.32MPa)相比降低了 9.63 倍。组织束缚水含量对植物的抗旱性具有重要意义,在含水量不变的情况下,m_a 越大,组织的渗透势越低,吸水和保水能力越强,植物的抗旱性越强。由表 5-8 可见,元宝枫幼苗随干旱程度加深和时间延长,m_a 逐渐增高,在 M_s 为 5% 处理 6 周时,m_a 高达53.97%,与 M_s 为 20% 相比增加了 41.47%。m_a 的显著增加和 φ_n 的大幅度降低,除与叶子含水量的降低有关外,更主要的是由于溶质(可溶性糖、Pro 等)增加引起的,这表明元宝枫具有很强的渗透调节能力和低水势耐旱性能。

(2)初始质壁分离时的相对含水量($M_{r\pi p}$)和渗透水含量($M_{ro\pi p}$):$M_{r\pi p}$ 和 $M_{ro\pi p}$ 也被认为是鉴定植物抗旱性的指标,两者的值越低,表明植物耐水分胁迫能力越强,是耐旱植物的生理特征。元宝枫幼苗经干旱处理后,$M_{r\pi p}$ 和 $M_{ro\pi p}$ 均明显降低,M_s 为 5%,处理 6 周时两者分别降低至 68.45% 和 61.15%,与 M_s 为 20% 相比,分别降低了 24.49% 和 29.25%。元宝枫受到水分胁迫时,表明其具有较强的渗透调节能力和保水能力。

（3）初始质壁分离时的渗透势（φ_0）：φ_0 是衡量植物抗旱能力的最佳指标，它表示组织细胞内部忍耐高渗透压（低渗透势）的能力，φ_0 值越低，意味着植物的抗旱能力越强。经干旱处理后元宝枫苗木随干旱程度加深和胁迫时间延长，φ_0 值显著降低，M_s 为 5%，处理 6 周时降至 −3.63MPa，与 M_s 20% 时相比降低了 50%。φ_0 值的大幅度降低与细胞内渗透物质的增加有关。此时叶水势为 −3.4MPa，这表明在较长时间的严重干旱条件（M_s 为 5% 持续 6 周）下元宝枫叶细胞仍能维持一定的膨压，具有极强的抗脱水能力。

（4）饱和含水时的最大渗透势（φ_π^{100}）：φ_π^{100} 表示了植物在生长过程中细胞内可溶性物质所能达到的浓度，φ_π^{100} 值越低，细胞浓度越大，抗旱性越强。由表 5-7 可见，元宝枫苗木受干旱胁迫后，φ_π^{100} 值逐渐降低，抗旱性增强，进一步表明元宝枫具有明显的渗透调节能力。

2. 元宝枫幼树 P-V 曲线主要水分参数的季节变化

为进一步了解元宝枫水分生理特点，于 1997 年 4～10 月对自然状况下生长的 7 年生元宝枫树进行 7 次 P-V 曲线测定（表 5-8）。

表 5-8　元宝枫 7 年生幼树 P-V 曲线主要水分参数的季节变化

测定日期	φ_π^{100}（MPa）	φ_0（MPa）	$M_{ro\pi p}$（%）	$M_{r\pi p}$（%）	m_a（%）	φw（MPa）
4 月 20 日	−1.617	−1.933	74.62	65.94	55.99	−25
5 月 20 日	−1.515	−1.852	90.51	80.95	50.73	−15
6 月 15 日	−0.940	−1.380	93.39	84.41	40.77	−14
7 月 15 日	−1.695	−2.060	90.55	80.72	29.44	−17
8 月 15 日	−1.782	−2.120	84.34	70.47	41.56	−14
9 月 20 日	−2.207	−2.524	82.26	65.02	56.21	−20
10 月 15 日	−2.308	−2.716	72.56	63.13	68.25	−21

由表 5-8 可见，元宝枫饱和含水时的最大渗透势 φ_π^{100} 和初时质壁分离时的渗透势 φ_0 在 4 月 20 日第一次测定时分别为 −1.617MPa 和 −1.933MPa，此后一直升高，到 6 月 15 日升到最高值，此时正是其旺盛生长期。随后 φ_π^{100} 和 φ_0 逐渐降低，到 10 月 15 日生长停止时至一年中的最低值。φ_π^{100} 和 φ_0 的季节变化与元宝枫的年生长节律和气候变化规律表现出了很好的一致性。在旺盛生长期，φ_π^{100} 和 φ_0 最高，细胞液浓度最低，以保证各种代谢过程顺利进行。在干旱和不适于生长的季节，φ_π^{100} 和 φ_0 大幅度降低，使细胞具有低的渗透势，以增强细胞吸水和保水能力，提高其抗旱性。细胞液浓度的增高也增强了元宝枫的抗寒能力，使其安全越冬。

$M_{ro\pi p}$ 和 $M_{r\pi p}$ 的季节变化规律与 φ_π^{100} 和 φ_0 的趋势一致。4 月中旬较低,6月中旬旺盛生长期达到一年中的最高值,此时抗性最弱。此后逐渐降低,到生长停止期降至最低值,此时抗性最强。$M_{ro\pi p}$ 和 $M_{r\pi p}$ 的季节变化规律从一个侧面反映了树体抗旱性随环境和生长节律的变化而变化。束缚水含量 m_a 的变化与前述指标相反,春季较高为 55.99%,在 6~7 月的旺盛生长期 m_a 保持较低的水平,为 29.44%~40.77%,此后逐渐增高,到 10 月中旬升至 68.25%,此时原生质水合度高,抗性增强。

用来表示植物水分状况的指标有含水量、相对含水量、水分饱和亏和水势等,但这些指标反映的都是植物的现实水分状况,而植物组织内部的水分组成,潜在的组织最大渗透势和对水分胁迫的反馈调节及忍耐能力,只有通过 P-V 曲线求得的水分参数加以说明。用 P-V 技术研究元宝枫苗在不同程度的干旱胁迫下有关水分参数的变化表明,受干旱胁迫时元宝枫 φ_w、φ_π^{100}、φ_0、$M_{ro\pi p}$ 和 $M_{r\pi p}$ 均显著降低,这些指标的降低除与叶含水量的降低有关外,主要是由于组织内溶质的大幅度增加引起的,这表明元宝枫有很强的渗透调节能力和低水势的耐旱特性。叶水势的大幅度降低和 m_a 的明显增加(表 5-8),既增强了细胞吸水能力,同时也提高了原生质保水和抗脱水能力。

第三节　抗旱性生理生化特性

一、抗旱性生理特征

1. 水分胁迫对元宝枫叶含水量和叶水势的影响

元宝枫苗木经不同程度的水分胁迫后,间隔 10 天测定了叶含水量和叶水势,其数据见表 5-9。7 年生幼树离体枝经不同水势处理后,间隔 6h,测定叶含水量和叶水势数据,见表 5-10。

表 5-9　土壤干旱对元宝枫苗木叶含水量和叶水势的影响

土壤含水量 (%)	叶水势(MPa)(叶含水量)(%)					
	10 天	20 天	30 天	40 天	50 天	60 天
20	-0.25(72.17)	-0.27(71.86)	-0.32(70.40)	-0.33(69.52)	-0.36(67.38)	-0.40(66.27)
15	-0.40(66.49)	-0.52(65.63)	-0.63(63.75)	-0.78(62.03)	-0.92(60.83)	-1.14(57.32)
10	-1.00(63.37)	-1.60(61.52)	-1.72(60.11)	-1.88(58.74)	-2.22(54.55)	-2.41(53.14)
5	-1.80(58.82)	-2.18(55.58)	-2.92(53.37)	-3.11(52.38)	-3.90(46.53)	-4.10(42.16)

表5-10 水分胁迫对元宝枫离体枝条叶含水量和叶水势的影响

胁迫强度 (MPa)	叶水势(MPa)(叶含水量)(%)			
	6h	12h	18h	24h
0	−0.33(54.53)	−0.34(53.92)	−0.37(42.16)	−0.36(52.93)
−0.5	−0.69(49.27)	−0.96(47.96)	−1.34(43.98)	−4.52(41.06)
−1.0	−1.12(47.14)	−1.52(43.16)	−2.38(39.01)	−2.70(37.62)
−1.5	−2.07(41.36)	−2.81(38.62)	−3.71(36.62)	−4.40(33.83)

由表中数据可以看出,元宝枫受水分胁迫后叶水势和叶含水量均明显降低。苗木在土壤含水量为5%处理60天时,与20%相比叶水势由最初的−0.40MPa降至−4.10MPa,含水量也由66.27%降至42.16(表5-9)。离体枝条经胁迫24h后−1.5MPa与0MPa相比其叶水势由−0.36MPa降至−4.40MPa(表5-9)。叶水势的降低一方面是由于含水量降低引起的,但从两者在胁迫中降低的幅度来看,水势的降低还与叶片中溶质(如脯氨酸、可溶性糖等)的增加有关。叶水势的大幅度降低增强了其吸水能力,同时由表5-7、表5-8可以看出,元宝枫幼苗在叶水势降低至−2.41MPa时其生长未受到显著抑制。因此可知,元宝枫具低水势的抗旱能力。

2. 水分胁迫对元宝枫光合、蒸腾作用的影响

元宝枫苗木经60天不同程度的干旱胁迫后测定其光合、蒸腾作用的有关指标,见表5-11。7年生幼树离体枝条经不同水势的处理12h,测定光合和蒸腾作用结果见表5-12。由表5-12可见,随土壤含水量的降低,元宝枫幼苗水分利用效率、光合速率、蒸腾速率、气孔导度(C_s)均降低,胞间CO_2浓度(C_i)和气孔阻力(R_s)增加。但土壤含水量在10%以上各处理间上述指标的变化不显著,土壤含水量降至10%时,光合速率、蒸腾速率和水分利用效率分别仅降低了17.9%、9.8%和20.9%;R_s和C_s未发生明显变化。这表明元宝枫幼苗在轻度和中度水分胁迫下(叶水势由−0.45MPa降至−2.41MPa,见表5-10)光合作用降低的幅度较小,只有在严重干旱时(土壤含水量降至5%,叶水势降至−4.10MPa)光合速度才明显降低(降低了66.5%)。由C_i、R_s、C_s的变化可知,在轻度和中度水分胁迫时光合作用的降低既有气孔因素(R_s增大、C_s变小)影响,也有非气孔因素(C_i积累)的影响。严重干旱时C_i明显积累,而R_s和C_s变化不明显,说明此时光合作用的降低主要是非气孔因素的限制。

离体枝条经不同程度水分胁迫后,光合和蒸腾的有关指标表现出了与一年生苗相同的变化趋势,见表5-12。元宝枫在受到干旱胁迫时R_s和C_s能够保持相对稳定(即气孔关闭的程度很小),使得光合作用维持在一定的水平上,表现出耐旱植物典型的生理特点。

表5-11　水分胁迫对元宝枫苗生长、蒸腾作用的影响

渗透势（MPa）	水分利用效率（μmol/mol）	光合速率[μmol/(m²·s)]	C_i（μL/L）	R_s（s/cm）	C_s（cm/s）	蒸腾速率[mol/(m²·s)]
-20	349.50	3.795	276.03	1.382	0.753	0.0152
-15	299.80	3.562	290.42	1.395	0.727	0.0144
-10	276.23	3.112	304.70	1.633	0.684	0.0137
-5	98.63	1.270	353.20	1.785	0.628	0.0108

注：采用美国 Li—COR 公司 Li—6200 光合仪测定。

表5-12　水分胁迫对元宝枫幼树离体枝条光合、蒸腾作用的影响

土壤含水量（%）	水分利用效率（μmol/mol）	光合速率[μmul/(cm²·s)]	G_i（μL/L）	R_s（s/cm）	G_s（cm/s）	蒸腾速率[mol/(cm²·s)]
0	351.45	4.073	286.70	0.863	1.152	0.0162
0.5	322.10	3.885	300.20	0.877	1.141	0.0159
1.0	300.53	3.508	304.86	0.889	1.124	0.0153
1.5	209.10	2.218	347.20	0.968	1.020	0.0116

3. 干旱胁迫对元宝枫叶片叶绿素含量的影响

叶绿素是光合作用中最重要和最有效的色素，其含量在一定程度能反映植物同化物质的能力。元宝枫幼苗叶绿素含量随土壤含水量的降低表现出了先升后降的变化趋势，见表5-13，但从总体变化水平来看，无论是随干旱程度的加深，还是随干旱时间的延长，叶绿素的含量都没有发生显著的变化，而是保持相对稳定。这表明元宝枫在受到干旱胁迫时叶绿素的代谢没有受到明显的影响，使得叶绿素含量维持在一个较高的水平上。这也是耐旱植物的生理特点之一。

表5-13　干旱胁迫对元宝枫叶绿素含量（干重）的影响

土壤含水量（%）	10天（mg/g）	20天（mg/g）	30天（mg/g）	40天（mg/g）	50天（mg/g）	60天（mg/g）
20	3.680	3.641	3.632	3.650	3.596	3.684
15	3.788	3.853	3.831	3.836	3.742	3.753
10	3.480	3.338	3.397	3.746	3.637	3.274
5	3.227	3.152	3.096	3.247	3.212	3.123

4. 干旱对元宝枫叶片脯氨酸（Pro）含量的影响

Pro 是植物理想的有机渗透调节物质，同时它也可以作为无毒氮源、呼吸底物参与叶绿素形成等。因此除参与渗透调节外，Pro 在适应干旱中尚有多种作

用。元宝枫幼苗 Pro 含量随干旱程度的加深和时间的延长表现出持续、迅速的增加趋势,且不同处理间差异显著,见表5-14。与土壤含水量为20%相比,土壤含水量为5%的元宝枫苗在胁迫10~60天时,叶中的 Pro 含量增加了50.6~112.2倍,最高含量达41.320 mg/g。水分胁迫条件下离体枝条的 Pro 含量变化与幼苗的相似,与对照(渗透势为0MPa)相比,在−1.5MPa溶液中处理24天后,叶中的 Pro 含量增加了101.5倍,高达45.018mg/g,见表5-15。Pro 迅速且持续积累表明了元宝枫具有较强的渗透调节能力。同时 Pro 在细胞质中大量积累不仅保持了蛋白质的水合度,防止原生质脱水,而且还起到了平衡细胞质与液泡间的渗透势等多种作用,增强了元宝枫对干旱的适应能力。

表5-14　干旱对元宝枫苗 Pro 含量(干重)**的影响**

土壤含水量(%)	10天(mg/g)	20天(mg/g)	30天(mg/g)	40天(mg/g)	50天(mg/g)	60天(mg/g)
20	0.323	0.330	0.339	0.338	0.352	0.365
15	2.771	8.192	11.230	14.940	18.160	24.360
10	7.267	14.230	20.010	24.330	30.730	37.110
5	16.660	21.510	26.510	32.750	36.480	41.320

表5-15　水分胁迫对元宝枫幼树离体枝条 Pro 含量(干重)**的影响**

渗透势(MPa)	6天(mg/g)	12天(mg/g)	18天(mg/g)	24天(mg/g)
0	0.4134	0.4246	0.4372	0.4394
−0.5	2.434	7.823	15.158	21.430
−1.0	6.331	14.015	29.826	37.292
−1.5	15.067	26.352	35.395	45.018

5. 干旱对元宝枫叶片可溶性糖含量的影响

随干旱程度的加深和时间的延长,元宝枫幼苗可溶性糖含量持续增加,严重干旱(土壤含水量为5%)时增量尤为显著,见表5-16。与土壤含水量为20%相比,土壤含水量为5%、胁迫10~60天,可溶性糖含量增加了0.84~2.32倍。方差分析及多重比较表明,不同土壤含水量间及不同胁迫天数之间,可溶性糖含量均差异显著。幼树离体枝条受水分胁迫时可溶性糖含量变化与幼苗的变化相似,见表5-17。可溶性糖也是植物体内一种重要的渗透调节物质,因此,元宝枫在受旱时可溶性糖持续积累增强了其对干旱的适应和抵抗能力。

表5-16　干旱对元宝枫幼苗叶片可溶性糖含量(鲜重)**的影响**

土壤含水量(%)	10天(mg/g)	20天(mg/g)	30天(mg/g)	40天(mg/g)	50天(mg/g)	60天(mg/g)
20	12.60	12.90	12.90	13.05	13.12	13.24
15	14.12	16.61	16.61	21.37	23.36	24.85
10	17.00	20.50	20.50	26.26	29.32	32.26
5	23.23	27.83	27.83	36.44	39.66	43.90

表 5-17 水分胁迫对元宝枫幼树离体枝条可溶性糖含量(鲜重)的影响

渗透势(MPa)	6h(mg/g)	12h(mg/g)	18h(mg/g)	24h(mg/g)
0	0.4134	0.4246	0.4372	0.4394
-0.5	2.434	7.823	15.158	21.430
-1.0	6.331	14.015	29.826	37.292
-1.5	15.067	26.352	35.395	45.018

上述元宝枫苗木在严重干旱条件(土壤含水量为 5%,叶水势降至 -4.1MPa)下,没有出现萎蔫现象,表现出很强的耐旱性。在中度干旱条件下(土壤含水量为 10%,叶水势为-2.4MPa),幼苗的生长未受到显著的抑制,表明在叶水势降至-2.4MPa 时,仍能维持较为正常的膨压。

元宝枫在干旱条件下,是通过大幅度降低叶水势以增强其吸水能力来维持生长所需的膨压。叶水势的降低,一方面与叶含水量降低有关,但主要可能是由于 Pro、可溶性糖等渗透调节物质的大量积累所致。因此,可以认为元宝枫具有较强的渗透调节和低水势的抗旱能力。

耐旱植物的基本生理特点:一是受旱时气孔关闭程度小,因而能维持一定水平的光合作用;其次是受旱时叶绿素、蛋白质等物质的代谢受到的影响小。元宝枫幼苗受到干旱胁迫时(土壤含水量由 20%降至 5%,叶水势由-0.4MPa 降至 -4.1MPa),R_s 和 C_s 没有发生明显变化,表明受旱时气孔关闭的程度很小。在中度干旱条件下,叶水势由-0.4MPa 降至-2.4MPa,幼苗的光合速率降低了 17.9%;7 年生幼树在受到水分胁迫时,C_s 和 R_s 也未发生明显变化,叶水势由 -0.36MPa 降至-2.7MPa 时,光合速率由 CO_2 4.073[μmol/(m·s)]降至 3.508[μmol/(m·s)],仅降低了 13.8%,表现出了耐旱植物典型的生理特点。只有在重度水分胁迫下(叶水势降至-4.0MPa 以下),元宝枫的光合作用才明显降低,但此时光合作用的降低主要是由非气孔因素引起的。

在干旱条件下,元宝枫叶绿素含量保持相对稳定,表明叶绿素的代谢未受到明显影响。

6. 水分胁迫对元宝枫细胞质膜透性的影响

元宝枫幼苗受干旱胁迫后,无论是随胁迫程度的加深还是随胁迫时间的延长,叶细胞质膜的相对透性均表现出递增的趋势(表 5-18),但与叶水势的变化相比,其增幅不显著。与 SWC 为 20%相比,SWC 为 5%、胁迫 60 天时,叶水势由 -0.40MPa 降至-4.1MPa,而质膜相对透性则由 16.95%增至 51.15%,仅增加了 2 倍,特别是在 SWC 为 10%以上的各处理间增幅更小。这表明元宝枫在中度水分胁迫下体内的保护系统仍能有效运行,从而避免了细胞质膜受到明显的伤害。

表5-18 干旱胁迫对元宝枫幼苗叶水势(φw)和质膜相对透性(RP)的影响

SWC(%)	10 天		20 天		30 天		40 天		50 天		60 天	
	φw (Mpa)	RP (%)	φw (Mpa)	RP (%)	φw (Mpa)	RP (%)	φw (Mpa)	RP (%)	φw (Mpa)	RP (%)	φw (Mpa)	RP (%)
20	0.25	15.33	0.27	15.58	0.32	15.83	0.33	16.13	0.36	16.59	0.40	16.59
15	0.40	18.37	0.52	21.37	0.63	25.80	0.78	26.72	0.92	28.63	1.14	28.72
10	1.00	21.73	1.06	26.00	1.72	31.12	1.88	33.39	2.22	37.39	2.41	38.93
5	1.80	32.64	2.18	37.85	2.92	42.24	3.11	46.30	3.90	50.23	4.10	51.15

7年生幼树枝条经不同程度的水分胁迫后,质膜透性的变化(表5-19)与1年生苗的相似,与 MPa 相比,在−1.5MPa、胁迫 24h,叶水势降低到−4.40MPa 倍,而质膜相对透性仅增加了 1.3 倍。

表5-19 干旱胁迫对元宝枫离体枝条叶水势(φw)和质膜相对透性(RP)的影响

胁迫程度 (MPa)	6h		12h		18h		24h	
	φw (MPa)	RP (%)	φw (Mpa)	RP (%)	φw (Mpa)	RP (%)	φw (Mpa)	RP (%)
0	−0.33	20.90	−0.34	22.52	−0.37	22.88	−0.36	23.56
−0.5	−0.69	27.37	−0.96	30.91	−1.34	34.67	−1.52	38.65
−1.0	−1.12	32.56	−1.52	40.25	−2.38	45.05	−2.70	48.12
−1.5	−2.07	40.34	−2.81	46.25	−3.71	51.39	−4.40	53.26

二、水分胁迫对元宝枫膜脂过氧化作用影响

在好氧性生物代谢过程中,不可避免地要产生含氧自由基(OH、HO_2^- 或 O_2^-)、单线态氧($^1O_2$)以及 H_2O_2 等性质活泼、氧化能力强的活性氧物质。这些强氧化剂的产生和积累能引起生活组织受伤害和衰老。正常情况下,植物体内存在着有效的保护系统可清除这些潜在的有害物质,抗逆性强的植物在逆境下(如干旱、低温、盐渍病害等),超氧物歧化酶(SOD)、过氧化氢酶(CAT)和过氧化物酶(POD)等保护酶仍能维持较高的活性水平,防止活性氧的积累,减轻膜脂过氧化所引起的膜伤害。

通过多方面的研究已证实元宝枫具有较强的抗旱性,对其干旱的适应能力表现在不同的生理、生化过程中,在缺水条件下,体内的保护酶系统仍能维持较高的活性水平,减轻了由膜脂过氧化引起的膜伤害。其抗旱性分别见表5-20至表5-21。

1. 水分胁迫对元宝枫 SOD 活性的影响

元宝枫幼苗受旱时叶片 SOD 活性随干旱程度的加深（即 SWC 降低）而缓慢降低，但在同等胁迫程度下，随时间的延长而增高，并逐步接近正常水平，见表5-20。水分胁迫对 7 年生幼树叶片 SOD 活性的影响与对幼苗的影响相似（表5-21），随胁迫加重 SOD 活性缓慢下降。

表 5-20　干旱胁迫对元宝枫幼苗 SOD 活性的影响

SWC(%)	10 天(U/g)	20 天(U/g)	30 天(U/g)	40 天(U/g)	50 天(U/g)	60 天(U/g)
20	6460	6562	6310	6474	6373	6572
15	5304	5425	5467	5608	5791	5873
10	4836	5233	5350	5588	5662	5694
5	3925	4126	4206	4732	4675	4837

表 5-21　干旱胁迫对元宝枫幼树叶片 SOD 树叶片 SOD 活性的影响

胁迫程度（MPa）	6 天(U/g)	12 天(U/g)	18 天(U/g)	24 天(U/g)
0	5930	6104	6119	6161
-0.5	5544	5613	5661	5762
-1.0	5340	5440	5491	5623
-1.5	4806	5032	5115	5215

元宝枫幼苗和幼树在水分胁迫下，SOD 活性能够维持在一个较高的水平，因而防止了活性氧的大量积累，降低膜脂过氧化程度，减轻了膜的伤害。这与膜透性的变化表现出较好的一致性。特别是随胁迫时间的延长，SOD 活性呈上升趋势，这表明元宝枫对干旱有较好的适应能力。

2. 水分胁迫对元宝枫 CAT 活性的影响

在水分胁迫条件下，元宝枫幼苗 CAT 活性随胁迫时间延长缓慢升高（表5-22），随 SWC 的降低而减小。但在 SWC 为 10% 以上各处理间降低不明显，且在胁迫 50 天后表现出升高的趋势。7 年生幼树枝条受水分胁迫时，随时间延长和程度加深，叶片 CNT、活性均表现出降低的趋势，见表5-23。这可能与胁迫时间较短，树体没有完成适应有关。

表 5-22　干旱胁迫对元宝枫幼苗 CAT 活性的影响

SWC(%)	10h [mg/(g·min)]	20h [mg/(g·min)]	30h [mg/(g·min)]	40h [mg/(g·min)]	50h [mg/(g·min)]	60h [mg/(g·min)]
20	18.36	17.71	18.40	18.90	17.96	18.81
15	16.32	16.38	18.10	18.36	20.18	22.15
10	14.26	15.18	17.28	17.59	18.42	20.17
5	6.12	6.99	7.28	9.36	10.67	13.59

表 5-23　水分胁迫对元宝枫幼树叶片 CAT 活性的影响

胁迫程度(MPa)	6 天 [mg/(g·min)]	12 天 [mg/(g·min)]	18 天 [mg/(g·min)]	24 天 [mg/(g·min)]
0	7.16	7.09	7.12	7.15
-0.5	11.25	7.23	6.45	5.99
-1.0	10.95	6.70	5.85	5.46
-1.5	6.83	5.40	4.35	3.57

3. 水分胁迫对元宝枫叶片丙二醛(MDA)含量的影响

元宝枫幼苗受干旱胁迫后,MDA 含量表现出和质膜透性相同的变化趋势(表 5-24),即随胁迫时间延长和程度加重 MDA 含量递增,但在 SWC 为 10%以上各处理间变化幅度很小。这进一步表明质膜透性的增大与膜脂过氧化引起的膜伤害直接相关,因而二者均可作为植物抗逆性的鉴定指标。

表 5-24　干旱胁迫对元宝枫幼苗叶片 MDA 含量的影响

SWC(%)	10h(μmol/g)	20h(μmol/g)	30h(μmol/g)	40h(μmol/g)	50h(μmol/g)	60h(μmol/g)
20	1.183	1.192	1.223	1.224	1.212	1.223
15	1.256	1.412	1.712	1.712	2.032	2.093
10	1.518	1.707	2.018	2.018	2.283	2.331
5	2.136	2.245	3.474	3.474	4.151	4.257

水分胁迫对 7 年生幼树 MDA 含量的影响(表 5-25),从整体变化水平来看与幼苗的变化相似,但其 MDA 的含量却明显低于幼苗中的含量,这可能与幼树叶片中谷胱甘肽(GSH)、V_C、V_E 及类胡萝卜素(Car)等抗氧化剂的含量有关。

表 5-25　水分胁迫对元宝枫幼树叶片 MDA 含量的影响

胁迫程度(MPa)	6h(μmol/g)	12h(μmol/g)	18h(μmol/g)	24h(μmol/g)
0	0.576	0.574	0.592	0.585
-0.5	0.598	0.654	0.698	0.747
-1.0	0.634	0.746	0.756	0.864
-1.5	0.755	0.826	0.896	0.964

植物体内活性氧的清除剂,包括保护酶系统(如 SOD、CAT、POD)和抗氧化剂(如 GSH、V_C、V_E、Car 等)两类物质。其中,SOD 是存在于植物细胞内最重要的清除自由基的酶类。逆境对植物的影响是与使活性氧产生加快、清除系统活性降低或破坏直接有关,导致活性氧积累,诱发膜脂过氧化所引起的膜伤害。与逆境水分胁迫条件下保护酶活性的变化已有较多的报道,一般认为抗旱品种在水分胁迫时,保护酶活性的变化有些表现为先升后降,有些则表现为维持恒定或

略有增高的趋势。而不耐旱品种保护酶活性表现为一直降低的趋势。

元宝枫在干旱胁迫后,SOD 和 CAT 活性表现出了随胁迫程度的加深而降低,但在同一胁迫程度下随时间的延长表现出逐渐增高的趋势,特别是在轻度和中度水分胁迫(叶水势由 -0.4MPa 降至 -2.4MPa)条件下,经一段时间的适应后,两种酶活性逐渐接近或超过正常水平。MDA 含量和质膜相对透性均表现出了随胁迫时间延长和程度加深逐渐增高的趋势,但在轻度和中度水分胁迫条件下二者的增幅很小,表明元宝枫受旱时,体内的保护酶仍能维持较高的水平,因而避免了活性氧的大量积累,减轻了由活性氧激发的膜脂过氧化所引起的膜伤害。因此,可以认为元宝枫对干旱具有较强的适应能力。

1 年生苗木的盆栽控水试验和 7 年生幼树枝条的控水处理试验,在上述几种测定指标中均得出了极为相似的结果,因为这两种方法均可作为检验植物抗旱性强弱的方法。

三、干旱对元宝枫苗生长的影响

1 年生元宝枫苗经 60 天不同程度干旱胁迫后,测定其生长状况(表 5-26)可知,随土壤含水量降低,幼苗株高、根长、茎叶重、根重、茎粗均随之降低,但土壤含水量由 20% 降至 10% 时,代表生长量的两个基本指标茎叶重和根重分别仅降低了 18.3% 和 16.4%;土壤含水量降至 5% 时,上述各指标显著降低,其中茎叶重降低了 69.7%,根重降低了 65.8%。这表明元宝枫具有较强的抗旱性,在土壤含水量达到 10% 时就可维持基本的生长,但要达到最大生长量,土壤含水量应在 20% 以上。

表 5-26　干旱胁迫对元宝枫幼苗生长的影响

土壤含水量(%)	株高(cm)	根长(cm)	茎叶重(g)	根重(g)	茎粗(cm)
20	50.2	14.3	4.2082	5.3180	0.421
15	40.3	12.7	3.8543	8.8602	0.398
10	34.8	11.4	3.4387	4.4481	0.332
5	11.2	8.2	1.2743	1.8175	0.126

第六章　元宝枫的生长发育特性

第一节　元宝枫种子休眠与萌发

一、元宝枫种子休眠生理

　　成熟的元宝枫种子具有休眠特性。根据研究,影响种子休眠的主要因素是元宝枫种子的果皮、种皮对种胚的吸氧量起阻滞作用。果皮、种皮的透气性测试说明,去掉种皮的种子吸氧量最高,去果皮的次之,完整种子最低。由此可知,去掉种皮可以提高种子的有氧呼吸能力,有利于种子内脂肪的转化,促进种子的萌发。因而果皮、种皮限制氧气的透入是影响种子萌发的原因之一,见表6-1。

表6-1　不同处理元宝枫种子吸氧量

处理	吸氧量[μL/(g·h)]
完整种子	35.7
去果皮	56.4
去种皮	102.5

　　同时,发现元宝枫种皮的厚角组织细胞有大量的果胶质和大石细胞,细胞壁上的微团在轴面上的方向呈有规律的鱼鳞坑状,这种结构阻碍气体交换,降低氧的透过率,机械地阻碍胚的生长和抑制物质的向外扩散,而影响萌发。

　　元宝枫种子休眠的另一个原因是种子果皮和种皮的单宁含量较高所致(表6-2)。单宁含有丰富的酚羟基,它通过酚氧化酶作用固定氧,阻碍胚的有氧呼吸,单宁与蛋白质结合可抑制酶活性,从而影响种子养分的分解、转化和利用及相关代谢过程。

表6-2　元宝枫果皮、种皮内单宁含量

层积时间 (天)	试样	单宁含量 [mg/(100mL·粒)]	层积/对照 (%)
对照	果皮	1.71	100
	种皮	7.80	100

（续）

层积时间 （天）	试样	单宁含量 [mg/（100mL·粒）]	层积/对照 （%）
30	果皮	0.99	58
	种皮	7.29	93
50	果皮	0.97	57
	种皮	6.44	83

　　据孙秀琴、田树霞研究元宝枫种子采用层积处理可降低单宁的含量,同时可软化种皮,增强透气性。另外,采取浸种处理使单宁浸出,缩短萌发时间。

　　应用高压液相色谱分析元宝枫种子果皮、种皮表明,果皮内含有促进萌发的玉米素（Z）和赤霉素（GA$_3$）,不含抑制物脱落酸（ABA）。种皮内未检测出激素类物质,说明元宝枫种子不是因果皮和种皮内含有抑制萌发的脱落酸而引起的生理休眠。

二、影响种子萌发的因素

　　种子萌发的主要过程是胚进行生长和形成一株生活的幼苗,所有具有生命力的种子,当它完成后熟,脱离休眠状态之后,在适宜的萌发条件下萌发、生长。种子萌发的必需条件是适宜的水分、温度、氧气和光照等。由于种子的种类和化学组成不同,需要条件有所差别。

（一）水　分

　　所有种子萌发时必须吸水膨胀,种胚的水分不足是种子不能萌发的主要因素。元宝枫种子在水分条件适宜时,完整种子吸水量直线上升,48h 趋于平稳,72h 达到饱和状态;而去果皮种子在吸水的 24h 内,吸水速度较快,到 72h 达到饱和。完整种子与去果皮种子在 72h 均能达到饱和,说明元宝枫的果皮虽然对种子的吸胀速度有影响,但不影响达到饱和吸胀状态（图6-1）。

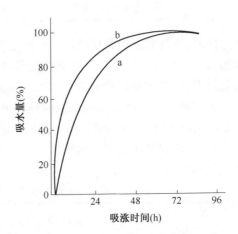

图6-1　元宝枫果（种）皮吸水曲线

a. 完整种子　b. 去果皮种子

　　在生产上为了早萌发早出土,采用清水浸种使种子吸胀并除去一部分种皮单宁。根据试验,将翅果用自来水浸 12h、24h、48h、72h 这 4 个处理中,种子的发芽势、发芽率以及平均发芽日期都没有显著变化,说明浸种时间对元宝枫种子萌发没有显著影响(表6-3)。如果浸种时间过长,换水次数少,反而影响种子的正常呼吸作用,使萌发受阻碍,严重时可造成烂种。

表6-3　浸种时间对元宝枫种子萌发的影响

浸种时间 (h)	去果皮种子			完整种子		
	发芽势 (%)	发芽率 (%)	平均发芽时期 (天)	发芽势 (%)	发芽率 (%)	平均发芽时期 (天)
12	51.7	84.2	10.6	33.3	72.2	12.6
24	56.7	85.0	10.0	32.5	74.1	12.1
48	60.8	86.7	9.7	35.1	76.2	12.0
72	55.0	75.0	10.8	28.2	66.7	13.2

(二)温　度

适宜的温度能够促进种子的吸水速率,并使种子内酶促过程和呼吸作用加强,使贮藏的养分很快转变成胚能利用可溶性状态。不同温度对元宝枫种子萌发的影响(表6-4)可以看出,25℃恒温处理较20℃、30℃萌发率高。同时,变温处理对种子萌发有明显的促进作用,在30℃/20℃变温条件下种子的萌发率显著高于其他温度下的萌发率,平均发芽日期缩短;同时,经方差分析去果皮后的萌发率无论是恒温还是变温均达到显著差异水平。据有关资料认为:①变温促进种子胀缩有利于水分和氧气的进入;②变温促进酶的活动;③种子置于变温条件下,内部温度和外界温度不同,可以促进种子内外气体交换,使呼吸旺盛,发芽良好。

表6-4　不同温度处理对元宝枫种子萌发的影响

温度处理 (℃)	去果皮种子			完整种子		
	发芽势 (%)	发芽率 (%)	平均发芽时期 (天)	发芽势 (%)	发芽率 (%)	平均发芽时期 (天)
20	41.7	72.5	10.9	35.2	50.4	12.7
25	60.8	86.7	10.0	35.1	76.2	12.1
30	40.8	65.8	11.2	28.9	60.4	13.2
25/15	58.3	94.2	9.5	45.5	82.6	11.5
30/20	62.8	97.5	9.1	51.3	88.5	11.0

(三)光　照

光照对元宝枫种子萌发的影响(表6-5)表明,光照有助于种子发芽率和发芽势的提高,同时可使平均发芽日期缩短。特别是对完整种子的影响更为明显。

表6-5 光照对元宝枫种子萌发的影响

光照处理	去果皮种子			完整种子		
	发芽势（%）	发芽率（%）	平均发芽时期（天）	发芽势（%）	发芽率（%）	平均发芽时期（天）
光照 8h	50.1	80.9	9.4	38.3	69.5	11.7
黑暗	35.7	57.9	10.8	19.9	31.1	13.2

　　光对需光种子的作用可改变其种子种皮的透性,提高种子中某些酶和生理活性物质光敏素的含量,促进种子的新陈代谢。一般需光性种子对光的要求其他因素也可代替,如通过几个月的干藏需光性可消失,用昼夜变温处理也可代替需光性。

（四）氧　气

　　氧气是所有植物种子的萌发条件,种子类型不同差异很大。氧气主要影响种子的呼吸代谢、贮藏物质转化和能量供给。此外,氧供应充分时,又能相对降低种子萌发时细胞旺盛呼吸释放出的 CO_2,通气不良 CO_2 浓度增高抑制萌发,元宝枫种子是油料型种子,贮藏物质中含碳、氢较多,含氧较少,呼吸时须吸收较多的氧,因此在浸种、播种后都要注意通气良好。

（五）果皮、种皮内抑制物质对元宝枫种子萌发的影响

　　采用小白菜种子萌发检验法表明,元宝枫种皮浸出液的抑制效应大于果皮浸出液的抑制效应(表6-6)。

表6-6 果(种)皮水浸出液对小白菜种子萌发和生长的影响

试材浸出液	发芽率（%）	根茎平均长度（cm）	生长状况
果皮液	90.0	1.05	胚根、胚轴生长缓慢,根长短且少,部分变褐
种皮液	86.7	0.83	胚根、胚轴均受抑制,无根毛,部分胚根变褐
蒸馏水	94.7	2.61	胚根、胚轴生长健壮,根毛多而白嫩

　　用果皮和种皮浸出液对已萌发的元宝枫胚根生长的抑制效应结果见表6-7。从表中同样可以看出,元宝枫果皮和种皮水浸出液对已萌发的元宝枫胚根生长有抑制效应,且种皮浸出液的抑制效应大于果皮浸出液的抑制效应。

表6-7 果(种)皮水浸出液对已萌发的元宝枫胚根生长的影响

试材浸出液	根和下胚轴平均长(cm)	与对照比（%）	生长状况
果皮液	1.27	56.7	胚根受抑制,胚轴生长缓慢,根毛少
种皮液	0.51	22.8	胚根、胚轴均受抑制,无根毛,胚根褪色
蒸馏水	2.24	100	胚根、胚轴生长健壮,根毛多而白嫩

元宝枫的果(种)皮中提取的单宁对已萌发的元宝枫胚根和下胚轴生长有抑制效应,且随浓度的提高抑制作用越来越明显。因为单宁是酚类化合物,含有酚羟基,它通过酚氧化酶消耗氧,阻碍胚的有氧呼吸(表6-8)。将种子用不同浓度的过氧化氢处理能明显地提高种子的发芽势、发芽率、缩短发芽日期。

表6-8 果(种)皮中提取的单宁对元宝枫胚根生长的抑制状况

单宁浓度 (mg/mL)	根下胚轴 平均长度(cm)	与对照比(%)	生长状况
蒸馏水	5.51	100.0	根生长迅速,侧根5~8条,子叶绿,真叶展开
0.5	5.36	97.3	根生长迅速,侧根5~8条,子叶绿,真叶展开
1.0	4.82	87.5	根生长轻微抑制,侧根3~6条,子叶绿,多数真叶展开
1.5	4.31	78.2	根生长受抑制,侧根2~4条,子叶展开但为黄色
2.0	2.90	52.6	根生长被抑制,子叶展开,小而黄色,个别长出真叶
5.0	1.95	35.4	胚根全部抑制,且为褐色,子叶未展,无真叶

在6个不同浓度的处理中,以浓度为1.5%的处理效果最佳,且发芽率达99.2%。这表明元宝枫种子的休眠特性可以通过过氧化氢处理的方法来解除(表6-9)。

表6-9 不同浓度的 H_2O_2 对元宝枫种子萌发的影响

H_2O_2浓度(%)	发芽势(%)	发芽率(%)	平均发芽日期(天)
0.5	56.7	84.2	10.0
1.0	60.8	88.3	10.0
1.5	68.5	99.2	7.1
2.0	61.2	90.0	8.9
2.5	50.1	80.8	10.4
3.0	35.1	79.2	13.2
CK	28.2	65.8	13.4

(六)pH 值

元宝枫种子萌发的过程和其他树木种子类同,大致可分为五个阶段:①吸胀吸水;②细胞恢复活跃的生理活动并持续吸水;③细胞分裂和延长;④胚根从种皮伸出;⑤子叶出土发育成幼小个体。我们选择第④⑤阶段进行试验研究。在土壤营养研究中,土壤 pH 值是一个重要的方面,它影响到土壤的结构、风化和腐殖质化过程,特别是影响到养分的活化和离子交换,对于树木根系的生活力也有一定的影响。为了研究元宝枫土壤 pH 值的要求和适应性,特别是不同的 pH 值对根系和植株生长的直接影响,我们选择刚露白的种子,用溶液培养的方法,比较它们在不同 pH 值营养液中的生长情况。

1. 在不同 pH 值的营养液中,胚根的生长量测定

由测定结果(表6-10)可以看出,在不同 pH 值的培养液中,胚根的生长量明显不同。在开始的 3 天中,胚根的生长量都迅速增加,但是随着时间的加长,四者的生长量有了差异。pH 值 7.0 和 pH 值 6.2 的培养液中,胚根持续增长,到最后一次测量时,胚根达到 5.16cm 和 5.10cm。在所测定的种子中,有个别的甚至达到 12.5cm,胚芽也达到 4cm 多。pH 值 4.0 的处理中,胚根的生长非常缓慢,在生长过程中,有的种子发霉、软烂,进而停止生长。pH 值 8.0 的处理中,种子同样有腐烂现象,导致大批种子停止生长,总的生长量增加不多,甚至有的种子在整个处理过程中都没有生长。

表 6-10 元宝枫种子萌发阶段在不同 pH 值培养液中的生长量

生长时间(天)	pH 值 4.0 胚根生长量 (cm)	pH 值 6.2 胚根生长量 (cm)	pH 值 7.0 胚根生长量 (cm)	pH 值 8.0 胚根生长量 (cm)
0	0.10	0.10	0.59	0.10
3	0.88	1.15	1.85	0.603
6	0.90	2.85	3.15	0.597
9	0.897	3.70	4.07	0.582
12	0.908	4.25	4.51	0.652
15	0.908	4.25	4.51	0.652
18	0.931	5.06	5.15	0.63
21	0.945	5.10	5.16	0.648

对所测定的数据进行统计分析和多重比较(表6-11、表6-12)可以看出,在不同 pH 值的培养液中,胚根的生长差异极显著,4 种处理中,pH 值 7.0 和 pH 值 6.2 的处理与 pH 值 4.0、pH 值 8.0 的处理生长量有极显著差异,而 pH 值 7.0 和 pH 值 6.2 的处理之间,pH 值 4.0 和 pH 值 8.0 的处理之间胚根的生长无显著差异。说明元宝枫种子在胚根生长阶段对于中性或微酸和微碱性的营养液比较适宜,而在过酸性或过碱性营养液中,生长极其微弱,表现为不适宜。

表 6-11 胚根生长量方差分析

变异来源	DF	SS	MS	F	Fa
处理	3	17.119	5.706		$F_{0.05}(28^3) = 2.95$
误差	28	44.881	1.603	3.560^*	$F_{0.01}(28^3) = 4.57$
总变异	31	62			

表 6-12 不同处理胚根生长量的多重比较(LSD)法

处理	X_1	X_1-X_4	X_1-X_3	X_1-X_2	比较参数
pH 值 7.0	3.6	3.045**	2.791**	0.220	$LSD_{0.05}=1.296$
pH 值 6.2	3.38	2.825**	2.571**		
pH 值 4.2	0.809	0.254			$LSD_{0.05}=1.749$
pH 值 8.0	0.555				

种子在萌发过程中,要形成新的细胞,必须合成核酸和蛋白质。同时,元宝枫种子脂肪和蛋白质的转化都受不同酶类的影响,在不同 pH 值条件下,酶活性不同,可导致脂肪和蛋白质的转化受到影响。从实验结果看,在过酸性和过碱性条件下,根芽的生长不良,这与油菜种子在不同 pH 值条件下萌发情况是相似的。

2. 在不同 pH 值的营养液中,根系的生长量测定

植物根系是肥、水的主要吸收器官,又是很多物质同化、转化或合成的器官,因此,根的生长情况和活动能力直接影响植物个体的生长情况、营养和产量水平。元宝枫的胚根生长发育到一定阶段,逐渐具有根系的特有功能,我们测定在不同 pH 值营养液中培养的幼根的吸收面积,以进一步认识不同 pH 营养液对根活力的影响。

从测定结果可看出,不同 pH 值营养液培养的根系其吸收面积(以比表面进行比较)不相同,并且随着处理时间的延长,同一 pH 值营养液中根系的吸收面积也在发生变化(图 6-2)。在 pH 值 4.0 的营养液中,根系的吸收面积在最初的 2 天中,有所增加,但是 48h 后,很快减小,并低于 24h 的水平,以后一直没有增大的趋势。在 pH 值 8.0 的营养液中,根系的吸收面积在最初的 2 天中减小,48h 后有所增加,其总的比表面和活跃的比表面增加的幅度不同,总的比表面增加快,而活跃的比表面增加慢。尽管有增加的趋势,但直至 96h 测定时,其吸收面积还是小于 24h 测定的吸收面积。在 pH 值 6.2 和 pH 值 7.0 的营养液中,最初 2 天根系吸收面积稍微有所减小,48h 以后一直呈增加趋势,96h 测定的吸收面积远大于以前测定的吸收面积,这说明根系的吸收面积增加很快。从以上处理的结果看,pH 值 6.2 和 pH 值 7.0 的环境有利于根系的生长发育,而在 pH 值 4.0 和 pH 值 8.0 的条件下则不利于根系的生长。

3. 在不同 pH 值营养液中,幼苗的生长量测定

在不同 pH 值营养液中培养 24h 的幼苗,其根系吸收面积(以比表面=根的总吸收面积/根的体积比值进行比较)各不相同(图 6-3)。根系的吸收面积在 pH 值 4.0 和 pH 值 6.2 的条件下都保持较高的水平,但在 pH 值 7.0 和 pH 值 8.0 的条件下则远低于前者。这说明在偏酸性的环境中有利于根系活力的保持。

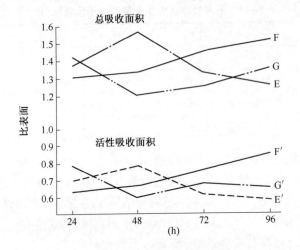

图 6-2　根系在不同 pH 值营养液中的变化曲线

E 组:pH 值 4.0;F 组:pH 值 6.2;G 组:pH 值 8.0

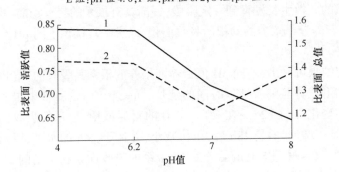

图 6-3　不同 pH 值下根的比表面积的变化

1. 总值　2. 活跃值

4. 在不同 pH 值营养液中,种子的生长量测定

根据不同 pH 值营养液中元宝枫种子萌芽阶段的生长反应试验结果表明:①元宝枫种子萌发时,胚根在微酸和微碱性条件下均能生长,在偏酸性条件下比碱性较好。对过酸和过碱性的培养液表现为不适宜。②元宝枫幼根(具有4~6片叶子),对偏酸性条件比较适应,在碱性条件下虽能生长,但表现出不适宜。③在试验中我们观察到,随幼根生长量增加,用不同 pH 值营养液培养时,对酸性和碱性条件的生长反应没有胚根生长期反应过敏。

以上研究确定了元宝枫种子萌发和植物形态建成初期对 pH 值生长反应的大致范围。

第二节 元宝枫生长特性

一、元宝枫的物候期

在温暖地区,元宝枫全年生长期为 200~230 天。在一年生长过程中,树木从萌芽、展叶、开花、结实、新梢生长到落叶休眠等物候变化,依树龄、栽植地区的气候和栽植管理措施等的不同而有差异。在陕西关中地区,各物候期时间大体为:

1. 芽萌动期

2 月底至 3 月初为芽萌动期。特征是树液流动,芽稍微膨大。

2. 芽膨大期

3 月上旬至 3 月底为芽迅速膨大期,到 3 月底花芽已膨胀得很大,外面包被的鳞片,有四片随着芽的膨大而长大,在四片毛茸茸的大鳞片里面,隐约能看见黄绿色的花序,叶芽膨大后外形较细长。

3. 芽展开期

4 月初为芽展开期,花芽露出其黄绿色的花序,叶芽抽生出尚未展开而成束的枝叶。

4. 开花期

4 月上旬至 4 月下旬为开花期。

5. 果实生长期

4 月下旬到 10 月下旬为果实生长和充实期。初期主要为果皮、种皮速长期,中后期为种仁快速增长期。

6. 果实成熟期

10 月下旬至 11 月初,为果实成熟期。

7. 叶变色期及落叶期

自 10 月中旬开始,树梢部分叶片开始变黄或变红,此时已开始落叶,到了 10 月下旬,进入大量落叶期,至 11 月中旬,树上叶片基本落完。

8. 休眠期

11 月下旬至翌年 2 月下旬。

宝鸡市林业科学研究所经过 2 年观测,生长在宝鸡市地区,树龄在 15~25 年的元宝枫庭院绿化树,其萌芽期在 3 月下旬;开花盛期在 4 月上旬;果实成熟期在 11 月上旬;1 月底进入休眠期。元宝枫主要物候期见表 6-13。

表6-13　元宝枫主要物候期(陕西关中地区)

物候	日期(日/月)	物候	日期(日/月)	物候	日期(日/月)
芽开始膨大	15/3~20/3	开花盛期	8/4~10/4	果实成熟	25/10~15/11
芽开始绽放	18/3~27/3	开花末期	20/2~24/4	叶始变色	16/10~30/10
开始展叶	25/3~1/4	幼果出现	18/4~25/4	叶全变色	5/11~20/11
展叶盛期	28/3~11/4	春梢停长	10/6~18/6	叶始脱落	28/10~5/11
现蕾期	27/3~1/4	秋梢始长	23/7~3/8	叶全脱落	14/11~30/11
开花始期	1/4~3/4	枝条停长	30/9~12/10	进入休眠	25/11~10/12

二、元宝枫的生长特性

1. 萌芽特性

元宝枫具有很强的萌芽力,植株的枝干一旦受损,如平茬、采伐、修剪及人为碰伤等,潜伏芽很快萌动,迅速长出新梢。由于元宝枫主芽周围有许多潜伏芽,受刺激后往往多个潜伏芽同时萌发,一株2年生的伐桩,一般可萌生10个左右的萌条。对萌条需人工抹芽。根据要求,可留生长旺盛的萌条1~3个。元宝枫还具有顶端优势较明显和直立生长能力强的特点,一棵幼苗或树木,一旦主干弯曲,从背上迅速萌生出直立向上生长的萌条,生长旺盛。

元宝枫1年生枝的萌芽率可达80%~100%,成枝率高达80%以上。元宝枫萌芽力较强的特性,对于采叶林的经营十分有利。

2. 枝干生长规律

元宝枫树木的高生长在幼龄期比较迅速,在栽培条件下,1~8年生苗木生长速度较快,高生长量以每年0.5~0.6m的速度递增,地径以每年6~10mm的速度递增(表6-14)。8年以后,树高生长减缓,如20年生树,每年高生长量为20~40cm;40年后,树高年生长量高者仅有10cm左右,低者高生长基本处于停滞状态。

在一年中的不同月份,苗木的生长速度不同。据观测,在陕西关中地区,1年生实生苗年生长量变化规律基本符合S形生长曲线。在5月底以前,苗木高生长缓慢,6~8月,为苗高速生期,该期中,苗高生长量占全年总生长量的80%左右;从9月初至10月中旬,随着气温的降低,苗高生长又趋于缓慢,该期苗高生长量仅占全年高生长量的5%左右;10月中旬以后,苗高生长停止。在一年中,苗木粗生长高峰期出现在6月中旬至9月下旬,该期间苗木地径增加值约占全年地径生长量的70%,至11月初,地径生长停止。元宝枫苗木生长情况见表6-14、表6-15。

表6-14　元宝枫苗木累积生长量

树龄(年)	生长量			
	树高(m)		地(胸)径*(cm)	
	平均	最高	平均	最高
1	0.69	1.78	0.67	1.59
2	1.69	2.80	1.57	2.49
3	2.62	3.80	2.42	3.81
4	3.52	4.70	3.48	5.80
8	5.53	6.10	4.52	6.81
20	12.58	13.82	23.1	30.52
40	16.27	18.31	42.2	49.51

注：*8年生以上幼树指胸径。

表6-15　1年生实生苗月生长量比较

月份	4月	5月	6月	7月	8月	9月	10月	11月
地径(mm)	1.02	1.24	2.06	4.30	5.82	6.35	6.77	6.78
高度(cm)	6.21	10.20	21.79	48.15	65.52	69.02	69.16	69.16

　　元宝枫播种苗在第二年生长中,一般只有一个主干直立向上生长,无分枝或极少有分枝。到第二年,顶芽继续向上生长,同时腋芽萌发成枝,向周围伸展,以后的几十年,树体继续增高,并不断分枝,逐渐形成树冠。

　　元宝枫枝条一年有两次生长,形成了春梢和秋梢。但一些弱枝和短枝一般在一次生长结束后,形成顶芽而无秋梢。根据枝条的功能,可将元宝枫枝条划分为发育枝和结果枝。发育枝又称生长枝或营养枝,年生长量大,最长可达1.5m左右,起扩大树冠和增加结果部位的作用。幼龄树发育枝数量多,进入结果期后,随着树龄的增加,发育枝相对减少,结果枝不断增加,对于20年生以上的元宝枫树木,结果枝一般可占到80%以上。随着树龄的增加,结果枝的长度逐渐变短,例如8年生的树,其结果枝一般长20~70cm,而对于35龄树的结果枝,一般长度在1~30cm。

　　3. 根系的分布和生长

　　元宝枫为深根性树种,主根明显,侧根发达。元宝枫根系垂直分布情况受树龄、土壤质地和土层深浅等的影响较大。1年生实生苗根系十分发达,在其生长初期,根系生长快于地上部分。据观测,当实生苗主根伸入土壤达14~30cm,并且已经长出许多须根时,地上部分的茎高仅有7~10cm,当1年生实生苗生长停止时,其主根长度一般为 60~100cm,最长可达 150cm 以上。在主根上错落着生着 1~20 根不等的侧根。生长在土质疏松的沙壤土或壤土上的 8 年生以上的大树,根系垂直分布可达 5m 以上,但侧根主要分布在 120cm 以内的土壤中,而生长在土质黏重或土层较薄、石砾较多土壤上的元宝枫,主侧根一般较浅,根系深度随土层厚度有所变化,主要分布在 50~100cm 以内。

在一年中,元宝枫根系的生长,较地上部分开始早,停止晚。在关中地区,元宝枫根系开始活动时间约在 2 月上旬,比地上部分的生长提早半个月左右,停止活动时间一般在 12 月上旬。冬季,元宝枫根系休眠时间约为 2 个月。

4. 叶片生长动态

1 年生元宝枫实生苗一般着生 40~70 枚叶片,最多可达 146 枚,留床平茬苗或 1 年生嫁接苗着生叶片数一般为 70~90 枚,单叶面积一般为 20~50cm,单叶鲜重一般为 0.5~1.3g。

元宝枫树从芽开始放叶到叶片大小定型,所需要的时间较短。在陕西关中地区,4 月上旬开始展叶,伴随着树梢的生长叶片迅速长大,叶片膨大生长高峰期一般在 4 月中、下旬,到 5 月上旬,叶片大小定型。此时的元宝枫树看上去一片葱绿。叶片厚度在刚定型时比较薄,5 月上旬叶厚仅 0.24mm,5 月下旬达0.38mm,至 8 月上旬叶片厚度基本稳定,单叶厚 0.56mm。

元宝枫在一年生长过程中,叶片中的水分在不同的月份含量不同。通过对 35龄元宝枫树的叶片测定分析得知,在 6~8 月,树叶的水分含量最高(表 6-16)。

表 6-16　不同月份叶片水分含量

月份	4 月	5 月	6 月	7 月	8 月	9 月	10 月	11 月
水分含量(%)	47.8	60.0	63.1	60.7	61.0	59.0	55.1	49.2

元宝枫在生长季节中,新抽生出的嫩叶、叶柄均为粉红色(极个别株为嫩绿色),随着叶片的生长发育,叶片上表面渐变为深绿色,叶片背面变为淡绿色。入秋后,叶片经霜打后,又变为深红色或黄色,景色宜人。

第三节　元宝枫开花结实特性

一、元宝枫花芽分化

元宝枫树属于当年花芽分化,翌年开花结实类型。花芽为混合芽,着生于当年生枝顶端及叶腋部位,其分化过程依时间先后可分为 7 个时期,即分化初期、花序原基形成期、花萼原基形成期、花瓣原基形成期、雄蕊原基形成期、雌蕊原基形成期和分化完成期,整个分化过程约需 5 个月才能完成。

(一)花芽分化时期的特征

1. 分化初期

生长点逐渐变宽,增大并突起,呈半球形,这一时期比较集中,一般出现在 6 月中旬(图 6-4,2)。

2. 花序原基形成期

6 月下旬,半球体状的生长点逐渐伸长,在其四周产生一些小突起,为花序原基,将来每一突起形成一朵花(图 6-4,3)。

3. 花萼原基形成期

7 月上旬,生长点顶部变宽,渐趋平坦的即为顶花原基,在其周围产生 5 个萼片原基(在纵切面上只能看到 2 个,见图 6-4,4)。

4. 花瓣原基形成期

7 月下旬,随着萼片原基的伸长,在其内侧基部产生新的突起,即为花瓣原基(图 6-4,5)。

5. 雄蕊原基形成期

8 月中旬,随着萼片和花瓣原基的伸展,在花瓣原基内侧出现突起,形成雄蕊原基(图 6-4,6)。

6. 雌蕊原基形成期

8 月下旬至 9 月上旬,由于萼片、花瓣、雄蕊原基的不断伸长,在花原基中心又产生突起,此突起即为雌蕊原基(图 6-4,7)。

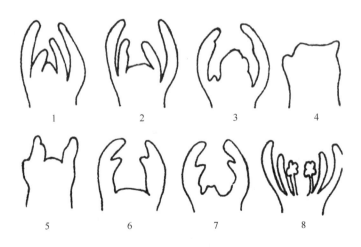

图 6-4　元宝枫花芽分化发育图(根据切片照片绘制)

1. 未分化期　2. 分化初期　3. 花序原基形成期　4. 花萼原基形成期

5. 花瓣原基形成期　6. 雄蕊原基形成期　7. 雌蕊原基形成期　8. 分化完成期

7. 分化完成期

9月下旬至10月初,萼片原基伸长形成长圆形,先端圆的5个萼片,花瓣原基形成5个倒卵形的花瓣,雄蕊原基伸长,顶端膨大形成具有4个花粉囊的花粉,雌蕊原基膨大形成子房,且有子房室2,至此,顶花形态分化全部完成(图6-4,8)。

10月中下旬,随着顶花的分化,侧花各部分也逐步分化完善。此时,树体的各部分也停止生长,进入休眠状态。

在陕西杨陵地区,分化初期一般出现在6月中旬,6月下旬为花序原基形成期,7月上旬为花萼原基形成期,7月下旬为花瓣原基形成期,8月中旬为雄蕊原基形成期,8月下旬至9月上旬为雄蕊原基形成期,10月底花芽形态分化完成。一般元宝枫的顶花芽分化早且集中,腋花芽分化相对晚些。花芽形态分化完成后,进入休眠停止期,翌年开花。

(二)影响花芽分化的几个因素

(1)树龄对花芽分化的影响元宝枫树龄对花芽分化有一定的影响,树龄小,树势旺,花芽分化迟,9年生结果初期树上的花芽分化始期在6月中旬至6月下旬,而37年生盛果期树的花芽分化始期在6月初。

(2)果枝质量对花芽分化的影响在同一株树上,果枝质量不同,花芽分化的时间也有差异,短果枝花芽分化早,长果枝花芽分化晚些。长果枝除顶芽为花芽外,一般中上部的腋芽也形成花芽。芽位不同,分化早晚也不一致,通常顶芽分化早,侧芽分化晚。

(3)果实发育与花芽分化的关系据观察,元宝枫翅果形态迅速生长期在5月下旬至6月初,花芽分化初期在6月中旬,所以,元宝枫花芽分化出现于果实速生期后,营养分配矛盾较小。之后,主要是果皮增厚,种壳硬化,种仁充实,此时,花芽分化与果实发育同步进行,果实采收时,花芽分化已经完成,进入越冬状态。

二、元宝枫开花特性

根据元宝枫树芽的功能和构造,可将芽分为混合芽和叶芽两种类型。混合芽萌发时,首先抽生出花序,然后在花序基部抽生出叶片和枝条(图6-5)。

已进入结果期的元宝枫树木,其树体上的混合芽所占比例在逐年增加,如20年生树,其混合芽所占比例可达80%以上,而到30龄时,混合芽比例提高到90%以上。叶芽萌发时,直接抽生出枝叶(图6-6)。幼龄期树体上的芽子全为叶芽,进入结果期后,叶芽所占的比例逐年下降。

元宝枫属于先花后叶或叶、花同时伸展开放树种。在陕西西安地区,每年4月初混合芽展开,抽生出伞房花序,每个花序中有15~120朵不等的小花,多为

18~60朵。每个花序中既有雄花,又有两性花,按小花开放先后顺序,通常首先开放的是雄花,其次是两性花盛开期,最后又转为雄花盛开期。据观察,4月上旬为雄花盛开期,由于个体差异,个别树在该时期为雄花始放期;雄花开放5~7天后,进入两性花开放期,一般4月中旬为两性花盛开期,4月中旬末到4月下旬初又转为雄花盛开期。整个花期长约25天,只有个别元宝枫树首先开放的是两性花,其次为单性花。

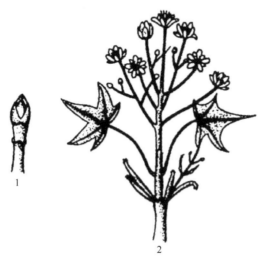

图6-5　元宝枫混合芽萌发开花状态

1. 混合芽　2. 混合芽抽生的花序及叶片

图6-6　元宝枫叶芽萌发抽枝状态

1. 叶芽　2. 叶芽萌生的枝叶

三、元宝枫结果特性

(一)开始结果年龄

元宝枫开始结果年龄因树种繁殖方式、栽培条件及个体的不同而有差异。一般实生苗5~8年开始开花挂果,5年生的实生苗,开花株数约占总株数的2%,此后的2~3年,开花株数比例逐年增加,8年生树全部进入开花结实阶段。而用嫁接繁殖的元宝枫苗木,定植3年即可开花结果。

(二)翅果发育

元宝枫从开花到种子成熟大致需要210~220天。此期间对翅果的形态结构及发育进程进行了解剖观察,结果显示,在陕西杨陵地区,每年4月中旬两性花授粉后,翅果的外表面积迅速增大,至5月上旬,果实的外形(即果翅或果皮)大小基本接近恒定大小,但这时果实比较瘪平。继之进入种皮生长阶段,5月底在果翅内部可见种皮雏形,呈直径为1mm左右的嫩绿色扁圆组织。进入6月份,种皮开始迅速膨大,进入速生期,至6月底左右,种皮大小基本定型(此时呈白色),直径一般 4~8mm,种皮内部充满黏液,主要是水和光合初级产物,此时尚看不见种仁。7 月中旬至下旬,可以在种皮内看见嫩绿色的种仁雏形。此后,种仁迅速增大,至 8 月中旬,种仁基本上占据种皮内所有空间。10 月底到 11 月初,种仁生长停止。此时果翅、种皮分别变为黄褐色和棕褐色,种仁变为亮黄色,此时种子成熟。由于植株个体差异,成熟后的元宝枫种子在大小、形状、千粒重、出仁率等方面均有所不同。

根据元宝枫在 1 年生长过程中翅果重量及发育程度和油脂形成累积规律,可将元宝枫翅果发育分为以下 4 个时期:

1. 种壳膨大期

从 4 月底开花结束到 6 月底大约 60 天,为种壳迅速膨大期,此期间翅果的大小和重量均增加较快,到本期末果翅及种皮基本膨大至最大,翅果烘干千粒重平均达 129.35g,该期没有油脂积累。

2. 种仁形成期

7 月初至 7 月下旬末约 30 天,翅果干物质累积缓慢,主要是种仁形成期。在此期间,翅果千粒重增加量仅有 13g 左右。到了该期末,种仁雏形形成,干态种仁含油率约为 0.34%(表 6-17)。

表 6-17　烘干翅果千粒重、出仁率及含油率变化情况

日期 (月/日)	5/20	6/20	6/30	7/20	7/30	8/30	9/20	10/10	10/20	10/30	11/10
千粒重 (g)	79.28	121.24	129.35	134.13	142.57	188.775	236.28	261.85	2777.42	283.78	283.71
出仁率 (%)	—	—	—	—	0.46	10.96	23.06	32.41	34.40	35.91	35.89
种仁含油率 (%)	—	—	—	—	0.34	13.52	39.09	44.03	46.58	48.00	47.05

3. 油脂快速形成期

从 8 月上旬至 10 月中旬约 70 天,为种仁和油脂快速形成期。在此期间,种仁体积迅速膨大,翅果重量出现第二次快速增长,千粒重共增加了约 135g。随着种仁的生长,油脂累积不断增长,至 10 月中旬末,翅果出仁率达 34.40%,种仁含油率由开始的 0.34% 增加到 46.58%。尤其是 8 月下旬至 9 月中旬这段时间,是油脂积累的关键时期,种仁中 50% 以上的油脂在此阶段形成,应注意水肥管理,以获得油脂丰产。

4. 翅果成熟期

10 月下旬至 10 月底左右为元宝枫翅果成熟期。该期翅果重量及种仁油脂含量均有少量增加,但翅果含水率快速下降的过程中,种子含水率由 10 月 12 日的 49.1% 降为 10 月 22 日的 15.7%,此后水分含量继续降低,至 10 月 30 日以

后,种子含水率基本处于均衡状态(表6-18)。到了该期末,翅果重量和种仁含油率达到最大,原来彼此连在一起的两个小翅果,由中间分裂为二,成为两个各具一果翅和一种仁的种子,但它们仍与果梗相连接。充分成熟的种子,各部分变得都比较坚硬,种皮颜色呈黄褐色,种仁为亮黄色。

表6-18　不同时期翅果的含水率

日期(月/日)		5/22	6/18	7/16	7/23	8/23	9/12	9/21	10/12	10/15	10/22	10/30	11/10	11/22
含水率(%)	水分/鲜重	70.9	56.6	57.1	59.9	44.5	55.1	54.1	49.1	44.9	15.7	9.9	8.2	7.9
	水分/干重	248.0	130.8	133.7	150.4	82.2	123.4	120.6	98.8	84.3	17.5	11.1	8.9	8.5

11月上旬末,翅果千粒重和种仁油脂含量略有降低,这可能与种子自身的呼吸及贮藏物质的转化有关。

在陕西杨凌,选择生长发育正常,但生长状况不同的10株元宝枫树采种,其成熟种子的千粒重与树体的生长发育状况有关(表6-19)。

表6-19　树体生长状况与种子千粒重

株号	树龄(年)	树高(m)	胸径(cm)	东西冠幅(m)	南北冠幅(m)	果翅开张角度(°)	成熟种子千粒重(g)
1	14	8.2	15.6	7.5	8.0	120~130	26.4
2	14	9.5	20.3	8.3	6.3	50~60	198.4
3	37	8.4	18.3	8.9	8.0	125~130	239.4

四、元宝枫种子油脂含量及累积规律

经研究表明,元宝枫种仁含油率平均为48.0%,一般最低含量为40.1%,最高可达52.5%。在陕西关中地区翅果油脂形成的快速时期在8月中下旬至10月上旬,油脂最大总产量出现在10月底。同时元宝枫树个体间油脂积累量也有显著差异。

(一)元宝枫翅果出仁率及种仁含油率变化

在种子发育解剖和树种物候观察的基础上,从种仁雏形形成开始,适度跨越种子生长成熟期(在杨陵地区元宝枫种子10月底前后成熟),6次分株取样,分株测定不同时期翅果的出仁率和种仁含油率,见表6-20,并计算出其日平均变化速度,如图6-7、图6-8。结果表明,进入8月以后,种仁增重加快,翅果出仁率不断提高,至10月上旬结束,出仁率以日平均增加0.44%的速度增长,该阶段为种仁和出仁率快速增长期。种仁含油率快速增长期相对集中在 8 月下旬至 9 月下旬的月余时间,该期形成了种仁油脂的 52%。

表6-20 不同时期翅果出仁率和种仁含油率

株号	7/30		8/23		9/21		10/12		10/30		11/10	
	出仁率（%）	含油率（%）	出仁率（%）	含油率（%）	出仁率（%）	含油率（%）	出仁率（%）	含油率（%）	出仁率（%）	含油率（%）	出仁率（%）	含油率（%）
1	0.24	0.00	8.04	13.58	17.87	36.13	40.12	37.97	44.30	40.90	46.02	43.07
2	0.26	0.00	10.66	13.75	27.61	36.48	32.80	37.84	40.50	42.50	39.76	41.19
3	0.58	0.41	13.82	14.81	16.94	36.24	25.81	43.88	26.14	50.99	26.07	46.59
4	0.39	0.45	10.94	18.11	25.90	42.72	36.65	43.90	37.45	48.59	38.11	49.06
5	0.51	053	12.87	17.37	30.89	38.09	37.57	43.51	38.93	46.62	38.60	44.81
6	0.43	0.40	9.90	14.48	16.76	40.40	34.06	50.13	39.57	52.20	39.51	50.37
7	0.67	0.30	15.41	11.11	28.48	46.34	39.27	50.87	42.40	52.51	39.28	50.12
8	0.61	0.39	13.56	12.96	26.19	44.59	33.98	46.66	37.21	52.20	36.55	48.13
9	0.48	0.45	12.84	14.23	20.23	36.75	25.71	44.08	29.25	51.10	29.23	47.54
10	0.39	0.49	11.58	16.77	22.77	40.11	23.14	41.84	23.30	42.42	25.81	45.66
平均	0.46	0.34	11.96	14.72	23.36	39.79	32.91	44.07	35.91	48.00	35.89	46.65

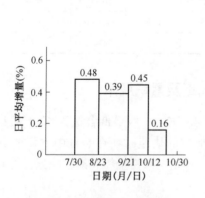

图6-7 翅果出仁率变化

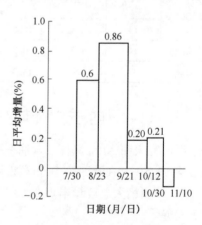

图6-8 种仁含油率变化

从种仁、油脂形成积累量看,翅果平均出仁率在 10 月 30 日达最大,为 35.91%。从 10 月底到 11 月上旬末,有 70% 的测定株的出仁率有所降低。综合分析认为,元宝枫翅果出仁率最高值出现在 10 月末。元宝枫种仁含油率的变化与翅果出仁率的变化大致相同,种仁含油率高峰值也出现在 10 月末,达 48%。

(二)元宝枫翅果含油率变化

将翅果出仁率乘以种仁含油率即得翅果含油率,见表6-21。

表6-21 不同时期翅果含油率

株 样	含油率(%)					
	7/30	8/23	9/21	10/12	10/30	11/10
1	0.0000	1.09	6.46	15.23	18.12	19.82
2	0.0000	1.47	10.07	12.41	17.21	16.38
3	0.0023	2.05	6.14	11.33	13.33	12.15
4	0.0018	1.98	11.06	16.09	18.20	18.70
5	0.0027	2.24	11.77	16.35	18.15	17.30
6	0.0017	1.43	6.77	17.07	20.65	19.90
7	0.0020	1.71	13.20	19.98	22.26	19.69
8	0.0024	1.76	11.68	15.86	19.42	17.59
9	0.0022	1.83	7.43	11.33	14.95	13.90
10	0.0019	1.94	9.13	9.68	9.88	11.78
平均	0.0016	1.76	9.29	14.50	17.23	16.74

分析表明,8月下旬至10月上旬末是翅果含油率快速增加期,平均每天增加0.26%;翅果含油率的最大值出现在10月底。而种仁含油率快速增长期集中在8月下旬至9月下旬,在1个多月形成了种仁油脂的52%。因此,从7~9月下旬应加强水肥等管理,以获得最高的油脂产量。陕西杨陵地区乃至关中地区的元宝枫种子应在10月底采收,以获得最高的种子产量。

第七章　元宝枫分子生物学研究

第一节　神经酸合成分子机制研究

深入研究和发掘调控元宝枫富含神经酸的主控分子,对阐明元宝枫神经酸生物合成分子机制以及指导元宝枫基因工程育种有着重要的指导意义。元宝枫神经酸的生物合成遵循植物超长链脂肪酸合成的基本途径。目前对其研究主要集中在脂肪酰-CoA 延长酶复合体上,主要包括 β-酮脂酰-CoA 合酶(KCS)、β-酮酯酰-CoA 还原酶(KCR)、β-羟酯酰脱水酶(HCD)和烯酯酰 CoA 还原酶(ECR)四种酶。

一、神经酸概述

超长链脂肪酸(very long chain fatty acids, VLCFAs)是指含 18 个碳原子以上的脂肪酸,是真核生物必要的组成成分(Bach and Faure, 2010; Millar and Kunst, 1997)。根据脂肪酸是否含有双键(不饱和键),分为饱和脂肪酸和不饱和脂肪酸。除鱼油以外,所有的动物油的主要脂肪酸都是饱和脂肪酸。不饱和脂肪酸根据含有双键个数的不同,分为单不饱和脂肪酸和多不饱和脂肪酸。单不饱和脂肪酸有且只有一个双键,如芥酸(合成神经酸的前体)、神经酸等。多不饱和脂肪酸含两个或两个以上的双键,如二十碳五烯酸(eicosapentaenoic acid, EPA)、二十二碳六烯酸(docosahexaenoic acid, DHA)等。

作为生物体基本成分之一的超长链脂肪酸,在生物体内主要以三酰甘油、蜡质、甘油磷脂以及鞘磷脂形式存在。除了能以贮藏脂的形式作为能源物质在生命体内累计以外,还作为质膜的关键组分参与生命体的各种生命活动(Bach and Faure, 2010)。

神经酸是一种主要的超长链单不饱和脂肪酸(very long chain monounsaturated fatty acids, VLCMFAs),是神经细胞和神经纤维的核心成分,是大脑发育所必需的营养物质(Martínez and Mougan, 2010)。神经酸能促进受损神经组织的修复和再生,用于益智防病、治疗神经系统疾病。人体很难自身合成神经酸,只能靠体外摄取。从鲨鱼等动物体中获取神经酸,资源稀少、成本高昂,难以满足需求。化学或生物合成神经酸产率低、副产物多,难以大量生产(Fan et al. , 2018)。从植物中发掘神经酸,已刻不容缓!

　　全球仅有 38 种植物发现含有神经酸,而我国 974 种油脂植物种子中,含有 5% 以上神经酸的植物仅有 7 种(马柏林等, 2004):蒜头果 *Malania oleifera*、盾叶木 *Macaranga adenantha*、欧洲油菜 *Brassica napus*、遏蓝菜 *Thlaspi arvense*、鸡爪槭 *Acer palmatum* 和元宝枫 *A. truncatum*。其中,元宝枫为中国特有树种,含油量高,结实量大,分布广泛,是目前最为理想的,能够可持续利用的生产神经酸的新植物资源(王性炎, 2005)。

二、神经酸生物合成的基本途径与分子机制

　　神经酸的生物合成是以从头合成的 18C 饱和脂肪酸为底物,以丙二酰-CoA 作为 2C 单位供体,由锚定在膜上的脂肪酰-CoA 延长酶复合体在内质网中延伸而成的。此脂肪酰-CoA 延长酶复合体包括 KCS、KCR、HCD 和 ECR 四种酶(图 7-1)。其中,KCS 是调控延伸反应的限速酶(Millar and Kunst, 1997)。

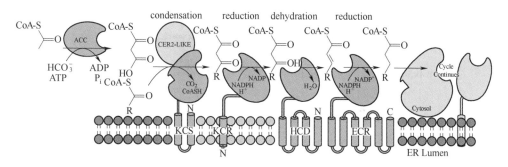

图 7-1　脂肪酸延长酶复合物

　　脂肪酸延长酶是一个跨膜多酶复合体,由 4 个功能不同的酶组成,包括 β-酮脂酰-CoA 合酶(KCS)、β-酮酯酰 CoA 还原酶(KCR)、β-羟酯酰脱水酶(HCD)和烯酯酰 CoA 还原酶(ECR)。这 4 个酶依次参与脂肪酸的碳链延长反应,最终生成超长链脂肪酸(Haslam and Kunst, 2013)。

　　不同物种中具有不同种类和数量的 KCS 基因家族成员。在酵母和动物体内,家族成员为 ELO 和 ELOVL,分别有 3 个和 7 个;而在植物体内为 KCS 基因家族,拟南芥中共有 21 个成员。其中,FAE1/KCS18 是首个被证实参与拟南芥 VLCMFAs 合成的 KCS 基因,只在种子中特异性表达。目前,越来越多不同植物的 KCS/FAE1 基因被克隆并证实是神经酸合成的关键基因(Guo et al. , 2009; Taylor et al. , 2010)。

　　但是 KCS 具有底物特异性,决定了合成芥酸和神经酸的比例。Guo 等克隆了高神经酸植物银扇草(*Lunaria annua*)的 KCS 基因,转化拟南芥(*Arabidopsis thaliala*)和埃塞俄比亚芥(*Brassica carinata*),过表达植株种子油中神经酸的含

量分别增长了 30 倍和 7~10 倍。Taylor DC 等克隆了碎米荠(*Cardamine graeca*)的 KCS 基因,同样在转基因埃塞俄比亚芥的种子油中检测到神经酸含量大大提高。而把不含或低含量神经酸植物,如旱金莲(*Tropaeolum majus*)、海甘蓝(*Crambe abyssinica*)、芥菜(*B. juncea*)和甘蓝型油菜(*B. napus*)的 KCS 基因,同样转化高芥酸油菜,其种子油中仅芥酸含量显著上升,而神经酸含量没有显著变化。

Huai 等将银扇草中能够生成神经酸的 LaKCS 在原本不含神经酸的亚麻芥(*Camelina sativa*)种子中表达,并同时导入 AtHCD 和 AtKCR 基因,结果发现虽然在种子发育的早期阶段,共表达的转基因植株与单一表达 LaKCS 的转基因植株相比,神经酸的含量有显著的提高,但最终两种转基因植株的神经酸的含量却大致相同。而在最近发布的蒜头果基因组中,则表明 4 个脂肪酸延长酶均参与了神经酸的合成,且局部基因重复对其合成有影响。该结论与蒜头果神经酸积累不同时期的转录组数据相一致。这也说明不同物种中,多酶复合体作用的分子机制不同。

三、参与元宝枫神经酸生物合成的关键酶基因分离及功能分析

(一)不同基因型的元宝枫种质种仁脂肪酸成分分析

我们对 36 个不同基因型的元宝枫种质种仁进行脂肪酸成分分析,鉴定到高神经酸和低神经酸的种质,分别命名为"H-11"和"L-4"(表 7-1)。对鉴定到的种质种子进行了表型、脂肪酸含量和神经酸含量的深入分析(图 7-2)。

表 7-1　不同基因型的元宝枫种质种仁的脂肪酸成分分析

样品编号	$C_{20:0}$	$C_{20:1}$	$C_{22:0}$	$C_{22:1}$	$C_{24:0}$	$C_{24:1}$	VLCFAs
1	0.12	7.69	0.78	18.15	0.27	6.15	33.16
2	0.10	8.20	0.78	20.25	0.44	7.36	37.13
3	0.18	8.97	0.82	19.65	0.36	6.39	36.37
4	0.11	7.22	0.7	17.08	0.23	4.75	30.09
5	0.14	7.15	0.79	20.33	0.62	7.52	36.45
6	0.11	7.32	0.81	19.51	0.29	6.49	34.53
7	0.14	7.26	0.79	20.92	0.41	8.75	38.27
8	0.06	7.17	0.62	19.86	0.31	7.71	35.73
9	0.07	7.1	0.62	21	0.34	7.69	36.82
10	0.15	8.17	0.79	20.57	0.38	6.57	36.63
11	0.12	7.49	0.83	22.3	0.6	9.19	40.53

（续）

样品编号	$C_{20:0}$	$C_{20:1}$	$C_{22:0}$	$C_{22:1}$	$C_{24:0}$	$C_{24:1}$	VLCFAs
12	0.11	7.17	0.75	20.3	0.37	7.44	36.14
13	0.09	7.49	0.63	19.85	0.34	6.83	35.23
14	0.08	6.98	0.73	22.06	0.31	7.88	38.04
15	0.1	7.86	0.71	20.24	0.32	7.39	36.62
16	0.08	6.93	0.63	20.21	0.3	7.77	35.92
17	0.08	7.34	0.6	20.56	0.22	7.42	36.22
18	0.07	7.47	0.56	18.31	0.18	5.69	32.28
19	0.12	7.93	0.61	17.14	0.17	5.29	31.26
20	0.08	7.19	0.64	19.18	0.26	7.20	34.55
21	0.06	7.43	0.68	19.89	0.24	7.69	35.99
22	0.08	7.05	0.71	21.26	0.35	7.90	37.35
23	0.08	6.99	0.67	20.97	0.37	7.17	36.25
24	0.08	7.08	0.66	20.54	0.36	7.47	36.19
25	0.09	7.33	0.64	20.96	0.24	7.90	37.16
26	0.10	6.90	0.91	21.95	0.43	7.74	38.03
27	0.08	7.10	0.75	21.89	0.32	7.68	37.82
28	0.10	7.30	0.82	22.50	0.42	8.06	39.20
29	0.11	7.54	0.71	20.24	0.27	7.41	36.28
30	0.12	7.79	0.65	19.48	0.26	6.38	34.68
31	0.12	7.16	0.81	21.23	0.31	7.82	37.45
32	0.08	7.60	0.72	21.58	0.24	7.55	37.77
33	0.06	6.84	0.72	22.20	0.26	7.68	37.76
34	0.12	7.96	0.73	21.29	0.23	6.78	37.11
35	0.10	7.39	0.78	20.63	0.34	7.78	37.02
36	0.14	8.19	0.72	19.70	0.24	6.76	35.75

注：不同种类脂肪酸含量数值来自3个独立测量的元宝枫种质种仁；

VLCFAs＝$C_{20:0}+C_{20:1}+C_{22:0}+C_{22:1}+C_{24:0}+C_{24:1}$；

VLCFAs（超长链脂肪酸）、$C_{20:0}$（花生酸）、$C_{20:1}$（二十碳烯酸）、$C_{22:0}$（山嵛酸）、$C_{22:1}$（芥酸）、$C_{24:0}$（木蜡酸）和$C_{24:1}$（神经酸）。

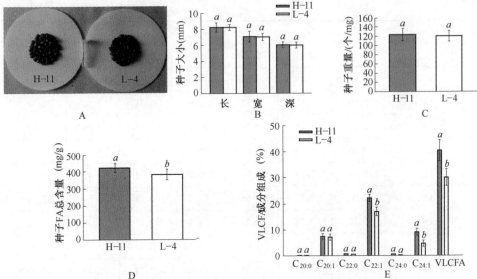

图 7-2 高神经酸和低神经酸的种质种子形态和脂肪酸成分分析

(二)高神经酸和低神经酸的种质种仁转录组测序和分析

对高神经酸"H-11"和低神经酸"L-4"种质进行转录组测序,通过组装注释,得到 97053 个 unigene,并对其进行注释(表 7-2 和图 7-3)。

表 7-2 元宝枫种子转录组组装 Unigene 数据注释

数据库	Unigene 数目	百分率(%)
NR	71401	73.57
Swiss-prot	26076	26.87
GO	39745	40.95
COG	30605	31.53
KEGG	14708	15.15
所有被注释	75499	77.79

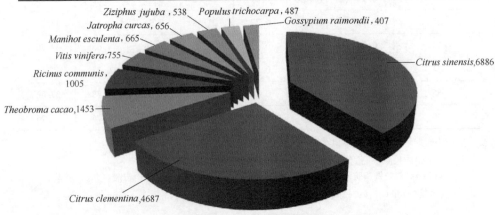

图 7-3 BLAST 分析 NR 数据库物种 Unigene 分布

(三)元宝枫基因组测序和分析

我们对树龄约 60 年的元宝枫进行了基因组测序,测序深度为 116x,分析了其基因组的特点(图 7-4 和图 7-5),并对核基因组(表 7-3 和表 7-4)和叶绿体基因组进行了组装和注释(Wang et al.,2018)。这些为分析 AceKCS 基因特点和克隆特异基因启动子提供了良好基础。可以预见,元宝枫基因组的研究,将随着槭树科植物基因组测序和该科比较基因组学研究的开展,以及表观基因组学、转录组学及蛋白组学研究的介入而得到进一步的深化,也必将把槭树科的遗传改良推上一个新台阶。

图 7-4 盛果期元宝枫植株及其果实形态

A. 元宝枫植株 B. 元宝枫果实 C. 元宝枫叶

基因组大小(530Mbp),特异序列(51.2%),
重复序列(48.8%),杂合度(1.06%)

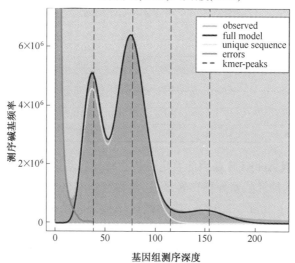

图 7-5 元宝枫基因组特点

物种基因组特点评估常用方法为计算 K-mer 分布的方法 K-mer 指的是将一条测序 read 连续切割,碱基划动得到的一序列长度为 K 的核苷酸序列。蓝条代表观察到的 K-mer 分布;黑线代表没有误差 K-mer(红线)的模型分布,直到模型中指定的最大 K-mer 覆盖范围(黄线)。

表 7-3 元宝枫基因组组装结果

Contigs	
序列数目	3062684
总长度(bp)	906602751
最长的序列长度(bp)	25481
N50 长度(bp)	383
N90 长度(bp)	136
Scaffolds	
序列数目	2412582
总长度(bp)	866062477
最长的序列长度(bp)	62679
N50 长度(bp)	735
N90 长度(bp)	135
G+C %	34.78

表 7-4 元宝枫基因组组装基因注释

数据库	基因数目
COG	11834
GO	28508
KEGG	7552
KOG	47213
Pfam	41800
Swiss-Prot	46398
TrEMBL	77574
Nr	77211
Nt	48893
所有被注释	87308

(四)元宝枫 AceKCS 基因的鉴定分析和特异启动子克隆

通过构建的神经酸差异种仁转录组,共鉴定到潜在的元宝枫 KCS 基因家族成员 20 个(Wang et al.,2018)。经系统进化分析和结构鉴定后,认为 c124374 基因是 KCS/FAE1 的同源基因,命名为 AceKCS(图 7-6)。进一步通过差异基因表达分析和荧光定量 RT-qPCR 验证分析,初步揭示 AceKCS 基因的表达量与种仁神经酸含量正相关(图 7-7)。

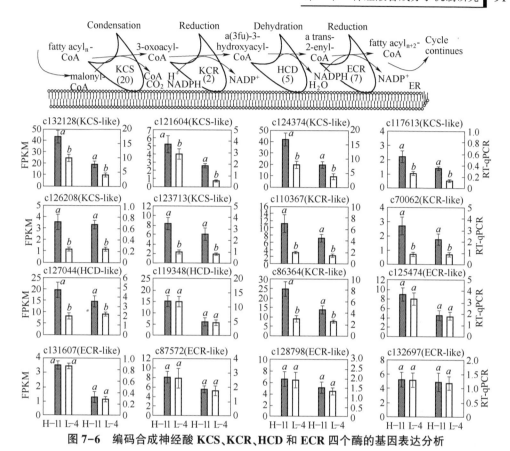

图 7-6　编码合成神经酸 KCS、KCR、HCD 和 ECR 四个酶的基因表达分析

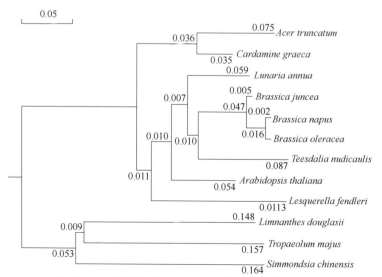

图 7-7　不同物种 KCS/FAE1 基因的系统进化树分析

对 AceKCS 基因的启动子和基因序列进行了分析,经过 PCR 测序验证显示 AceKCS 基因并没有内含子,完整编码区长度 1509 bp,编码 503 个氨基酸。对其特异启动子分析,长度为 1827 bp,具有典型的多种顺式作用元件。

第二节 元宝枫分子标记辅助育种基础研究

随着全球人口指数级的增长及所面临的环境急剧恶化,对作物产量和抗逆性的要求越来越高,传统杂交育种已无法满足要求。分子标记技术的迅猛发展,尤其是与传统育种的有机结合后发展的现代分子育种,已成为作物育种的有效途径。分子标记技术已经广泛应用于遗传育种的各个方面,包括种质资源的评价、杂种优势群的划分、QTL 的定位与克隆、分子标记辅助育种等。收集与保存元宝枫种质资源是现代分子育种的一个前提,元宝枫变异类型和优树选择是其良种选育程序中的一个主要内容,而对育种材料进行遗传多样性的评价可以进一步拓宽元宝枫育种基础、缩短育种周期、创新种质资源以及有效地指导杂种优势育种的亲本选配。

一、元宝枫种质资源的收集

种质资源是植物遗传性状保持连续、稳定的物质基础,更是育种可持续开展的重要原材料。随着社会各界对元宝枫特性及价值认识的提高,全国各元宝枫产地发展元宝枫的积极性空前高涨。但是生产上存在元宝枫实生苗栽培、种质混杂不清、品质良莠不齐、世代生长变异大等问题,严重制约了元宝枫产业的发展。我国有着丰富的元宝枫种质资源,如何选择以及选择哪些品种群或变种,更适合元宝枫适地、适用栽培,至今仍没有准确、科学的答案,也无油用元宝枫良种。因此,开展元宝枫种质资源的调查、收集与评价,筛选元宝枫优良种质,是产业发展中亟待解决的关键科学问题。

国家林业和草原局元宝枫工程技术研究中心研发团队先后在内蒙古、辽宁、山东、陕西等 10 个元宝枫种源地收集了优树种质资源 300 多份,初选优树 101 个,并开展了叶果形态、化学成分、遗传分析与功能基因挖掘,初选出 12 个优树,繁育出 500 株优树苗木,为良种选育奠定了物质与技术基础。依托西北农林科技大学扶风元宝枫试验示范基地,以 64 株成龄元宝枫单株为对象,采用实地调查、聚类分析和气质联用(GC-MS)技术对元宝枫叶、果的表型性状和种仁油主要成分进行了研究,构建了元宝枫变异类型划分指标体系,筛选到综合性状优良的优树 3 株。

二、元宝枫叶果变异类型综合划分

(一)元宝枫变异类型划分指标筛选及指标体系

根据生长期与成熟期元宝枫叶果生长特性及表型变异特征,以及科学、实用、可查测性强的原则对入选的 20 枚叶鲜重(g)、叶长(cm)、叶宽(cm)、叶长宽比、叶裂角数、裂长(cm)、裂宽(cm)、裂长宽比等 8 个叶型指标,带翅果长(cm)、翅长(cm)、翅宽(cm)、种长(cm)、翅果长宽比(种长/种宽)、种翅比(种长/翅长)、种子开张角度、含水率(%)、出仁率(%)、出油率(%)、40 粒果鲜重(g)、40 粒果干重(g)、40 粒种子干重(g)、40 粒种仁干重(g)等 14 个果型指标,棕榈酸、硬脂酸、油酸、亚油酸、亚麻酸、Ⅱ-二十碳烯酸、芥酸、神经酸等 8 个种仁油主要化学成分指标,共 30 个表型变异选择指标进行了应用选择,筛选出叶基角、叶长宽比、种子开张角度、带翅种长、种翅长、种翅长宽比、油酸含量 7 个指标作为元宝枫变异类型选择的最终指标,取得了较好的实践效果。

元宝枫变异类型划分指标体系由以下 3 个一级指标和 7 个二级指标构成:

一级指标:叶型指标;

二级指标:叶基角、叶长宽比;

一级指标:果型指标;

二级指标:种子张开角度、带翅种长(cm)、种翅长(cm)、种翅长宽比;

一级指标:种仁油主要化学成分指标;

二级指标:油酸含量。

该指标体系仅适用于扶风县元宝枫种质资源圃,对全国范围内的元宝枫种质不一定适用,但具有一定程度上的参考价值。

(二)生长期变异类型划分

对生长期元宝枫进行相关性分析、主成分分析和系统聚类,综合判别分析结果,根据其贡献结合实际考虑选取果实种子张开角、种翅比、带翅种长、翅长和叶片的叶基角作为生长期元宝枫类型划分主要依据指标。结合表 7-5,分类结果为:13、49 为 B_6 类,44、61 为 C_6 类,余下 60 株为 A_6 类,聚类结果详见图 7-8。

生长期变异类型划分判别分析,建立模型函数如下:

$$Y_1 = 28.300X_1 + 14.433X_2 + 0.644X_3 + 0.396X_4 + 13.910X_5 - 121.211$$

$$Y_2 = 43.957X_1 + 23.409X_2 + 0.391X_3 + 0.271X_4 + 71.043X_5 - 99.949$$

$$Y_3 = 16.452X_1 + 3.842X_2 + 0.466X_3 + 0.093X_4 + 12.583X_5 - 41.550$$

式中:Y_1、Y_2、Y_3 为变异类型分类值,X_1、X_2、X_3、X_4、X_5 分别为种翅比、带翅种长、叶基角、种子张开角、翅长。其判别准确度可达 98.4%。

表 7-5　元宝枫生长期综合分类数据

变异类型	种翅比	翅长(cm)	带翅种长(cm)	种子张开角(°)	叶基角(°)
A_6	2.04±0.18	1.40±0.20	2.78±0.28	94.26±15.35	132.58±16.40
B_6	1.81±0.02	1.80±0.23	2.74±0.25	86.57±4.15	79.49±3.24
C_6	0.96±1.35	0.69±0.98	1.30±1.84	21.28±30.09	106.21±12.15

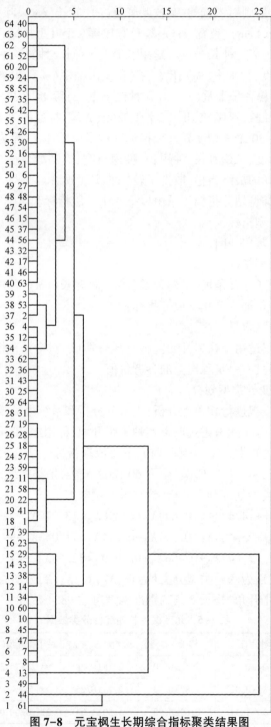

图 7-8 元宝枫生长期综合指标聚类结果图

(三)种子成熟期变异类型划分

对种子成熟期元宝枫进行相关性分析、主成分分析和系统聚类,综合判别分析结果,根据其贡献结合实际考虑选取种子张开角、油酸含量、叶基角、叶长宽比作为类型划分成熟期元宝枫类型划分主要依据指标。分类结果为:2、10、21、29为 B₇类,5、7、8、25、27、37 为 C₇类,余下为 27 株为 A₇类,聚类结果见图 7-9 和表7-6。

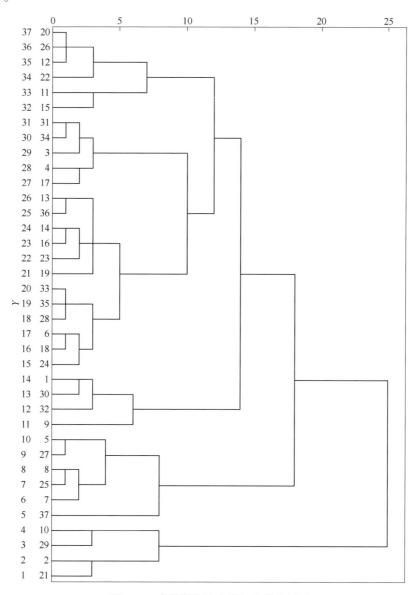

图 7-9　成熟期期综合指标聚类结果图

表 7-6 元宝枫成熟期期综合分类数据

变异类型	张开角(°)	油酸(%)	叶长宽比	叶基角(°)
A_7	91.56±17.24	22.75±1.49	0.69±0.04	137.46±13.44
B_7	59.16±12.26	22.98±0.86	0.79±0.17	101.36±11.37
C_7	112.23±6.31	21.64±0.79	0.67±0.03	104.83±8.61

成熟期变异类型划分判别分析,建立判别函数:

$$Z_1 = -0.097X_1 + 15.883X_2 + 1.180X_3 + 146.224X_4 - 308.806$$
$$Z_2 = -0.229X_1 + 15.850X_2 + 0.926X_3 + 185.517X_4 - 296.901$$
$$Z_3 = 0.037X_1 + 14.227X_2 + 0.918X_3 + 146.118X_4 - 253.910$$

式中:Z_1、Z_2、Z_3为变异类型分类值;X_1、X_2、X_3、X_4分别为种子张开角、油酸含量、叶基角、叶长宽比。该函数判别准确度达 100%。

三、种质资源的遗传多样性研究

遗传多样性是生物多样性的重要组成部分,是育种可持续发展的重要条件。育种资源的遗传多样性主要指的是种内的遗传变异,既包括群体内的个体间差异,也包括群体间的遗传差异。分析育种资源的遗传多样性有助于计划杂交,并指导近交系亲本的筛选。研究育种资源间的相对遗传距离,以及它们拥有的关键基因或者 QTL 可以进行亲本的选择,也可评估亲本材料中遗传变异的幅度。

随着生物学,尤其是遗传学和分子生物学的发展,遗传多样性的检测方法从形态学水平、生理生化水平、细胞学(染色体)水平,逐渐发展到分子水平。DNA分子标记以 DNA 序列组成差异为研究对象,是目前最先进的研究遗传多样性的标记方法,具有不受环境和植物生长发育阶段的影响、数量丰富、多态性高、遗传稳定和共显性检测迅速等优点,是研究生物遗传多样性的首选方法。现阶段用于分子标记研究的技术主要有:RFLP(restriction fragment length polymorphism,限制性片段长度多态性)、RAPD(random amplified polymorphism DNA,随机扩增片段多态性)、AFLP(amplification fragment length polymorphism,扩增片段长度多态性)、ISSR(inter-simple sequence repeat,简单重复间序列多态性)、SSR(simple sequence repeat,简单序列重复)和 SNP(single nucleotide polymorphisms,单核苷酸多态性)技术等。

由于 SSR 标记具有重复性好、多态性高、呈共显性遗传、数量丰富和遍布整个基因组等优点,因此已成为重要作物进行遗传学、分子进化和育种研究中使用最广泛的分子标记系统之一。我们使用 MISA 软件(http://pgrc.ipk-gatersle-

ben. de/misa/misa. html)搜索基因组测序组装的序列,鉴定到了来源于 1457640
条组装序列的 3927961 个预测的 SSR 标记。在鉴定到的 SSR 标记中,二核苷酸
(Di-nucleotide,69.25%)和三核苷酸(Tri-nucleotide,21.36%)SSR 标记占有很
大比例。在 Di-nucleotide SSR 标记中,AT/AT 重复基序占 71.31%,AG/CT 占
20.01%,AC/GT 占 8.65%,CG/CG 仅占 0.03%。在 Tri-nucleotide SSR 标记中,
AAT/ATT 重复基序,AAG/CTT 重复基序和 ATC/ATG 重复基序分别占 54.72%,
22.10%和 6.61%(图 7-10)。随着重复基序长度的增加,SSR 标记的数量大大
减少(图 7-11)。这些大量的 SSR 标记的开发和鉴定,将为后续的元宝枫种质
资源鉴定、基因定位、遗传作图以及比较基因组学研究奠定良好基础。

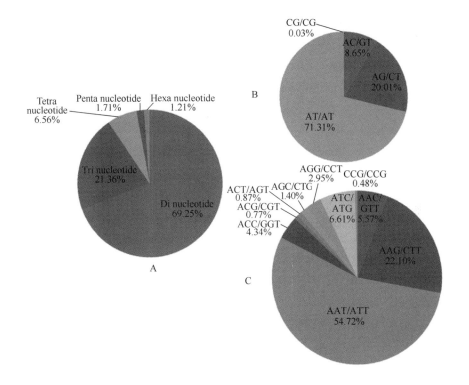

图 7-10 元宝枫基因组 SSR 标记特征分析

A. 不同 SSR 标记的分布频率(Di nucleotide:二核苷酸;

Tri nucleotide:三核苷酸;Tetra nucleotide:四核苷酸;

Penta nucleotide:五核苷酸;Hexa nucleotide:六核苷酸)

B. 不同二核苷酸 SSR 标记的分布频率 C. 不同三核苷酸 SSR 标记的分布频率

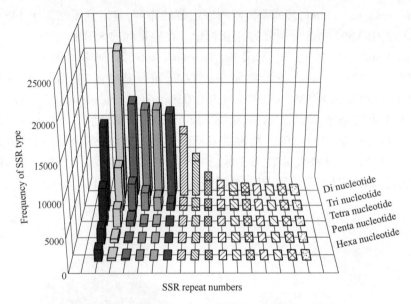

图 7-11 元宝枫基因组 SSR 标记重复数的分布和数目分析

第三节 元宝枫组织培养与遗传转化

植物繁殖通常分为有性繁殖和无性繁殖。有性生殖又称实生繁殖或种子繁殖,是指植物经过精子和卵细胞结合形成种子,利用种子进行繁殖的一种繁殖方式。种子繁殖具有操作简便的优势,且繁殖出来的实生苗,根系发达,对环境适应性强,同时繁殖系数大。但生长周期长,遗传变异大,优良性状不能保证。无性繁殖又称营养繁殖,是指不经过两性细胞融合,利用植物的细胞、组织或营养器官进行的繁殖,表现出与母本相同的特征。包括扦插、嫁接和植物组织培养等繁殖技术。

植物组织培养(plant tissue culture)是指在无菌条件下,将离体的植物器官(根、茎、叶、花、果实、种子)、组织(分生组织、形成层、皮层、胚乳、薄壁组织、花药组织等)、细胞(体细胞和生殖细胞)以及原生质体,在人工控制的环境里培养,使其再生形成完整植株的技术。植物组织培养的理论依据是植物细胞具有全能性,即指植物体任何一个细胞,只要有完整的膜系统和细胞核,它都含有发育成完整植株的全部遗传信息,在适当的条件下,可以通过分裂、分化,再生产一个具有与母株完全相同遗传信息的新的完整植株。植物组织培养不仅可以对植物材料进行大规模离体快速繁殖,建立高效繁育、脱毒体系,也是植物种质资源进行种质保存、新品种选育和次生物质工厂化生产的最佳方法,更是植物遗传转化的前提和基础。

植物遗传转化(plant genetic transformation)是指应用重组 DNA 技术、组织培养技术或种质系统转化技术,有目的地将外源基因或 DNA 片段转移到植物体内并稳定地整合表达与遗传,已获得人类所需要的转基因植株的过程。成熟的遗传转化体系是基因克隆和功能解析的主要技术支撑之一。随着分子生物学技术的发展,通过转基因技术或基因编辑技术开展种质创新及分子设计育种应用研究,获得新品种,是植物育种的新途径。

元宝枫为中国特有树种,元宝枫的繁殖研究仅在国内有报道。目前生产上多以实生苗栽培,种质混杂不清、品质良莠不齐、世代变异大等问题,严重制约了元宝枫产业的发展。优良种质保存和评价、筛选和创制经济性状和农艺性状优良的药用、食用、饲用、观赏用的元宝枫专用品种需要利用植物组织培养进行离体快繁,更需要利用植物遗传转化技术研究基因功能,开发重要性状分子标记,提高育种效率、缩短育种周期,进行基因工程育种和品种改良。

(一)元宝枫的组织培养

虽然植物细胞具有全能性,任何植物组织、器官均可作为外植体再生出完整植株。但是植物种类、外植体种类与生理状态不同,对外界诱导反应能力和分化、再生能力影响也不同。选择适宜的外植体需要从植物种类、外植体种类、外植体大小、取材季节以及外植体的生理状态和发育年龄等方面综合考虑。首先,利用茎段作为外植体,从灭菌方式、褐变预防、增殖培养和根诱导等方面进行了试验研究(李艳菊等,2005)。结果表明,4 月由 4 年生母树上取材的外植体,经 0.1% $HgCl_2$ 灭菌 6min 后污染率较低;外植体培养时,在培养基中分别添加 500mg/L PVP,可以较好地控制褐变;在 MS 培养基中附加 $0.01 \sim 0.05\mu mol/L$ TDZ 时,可有效地促进外植体增殖和生长;适宜的生根培养基为 1/2 MS + $0.1\mu mol/L$ IBA,每天光照 16h,生根率可达 90.91%;幼苗经炼苗后盆栽,成活率在 95% 以上。张洪波等进一步对灭菌方式和激素配比进行了优化。证实 1% NaClO 消毒 10 min 可代替 $HgCl_2$ 达到理想消毒效果;同时利用含 0.02 mg/L TDZ、0.01 mg/L IBA 和 0.15 mg/L 6-BA 的 DKW 培养基,在萌发速度上较 MS 培养基稍快。于震宇等则以元宝枫子叶、茎段和幼叶为外植体,从基本培养基、植物生长调节剂、外植体种类、大小与接种方式、采样时期、不同培养条件等方面综合研究了愈伤组织诱导、继代培养的影响因素,以期通过元宝枫愈伤组织,不受地区、季节和资源限制,工厂化生产黄酮类化合物等次生代谢物质。研究结果表明,子叶、茎段和叶片作为外植体,愈伤组织的诱导率均为 100%,但以叶片愈伤组织中的黄酮含量最高;相对于 2 年生和 30 年生的母树叶片,10 年生的母树叶片中的黄酮含量为最高,且需要依据黄酮积累规律,在 5 月中旬进行外植体采集为最佳。结合前人的研究,我们建立了完整的元宝枫组织培养体系(图7-12)。

幼苗培育

生根培育

芽诱导

成苗移栽

图 7-12 元宝枫组织培养体系的建立

(二)元宝枫的遗传转化

木本植物的遗传转化体系建立效率远远落后于大田作物和其他草本植物,其中一个重要原因是木本植物组织培养和植株再生的难度较大,缺乏合适的转化受体材料,难以建立高效稳定的遗传转化体系;其次是基因型依赖性较强,转化效率不高。元宝枫遗传转化体系建立对于研究其重要基因功能、性状形成机制等方面的生物学探索和育种改良方面的研究具有重要意义。考虑到木本植物生长周期长,结合缩短育种周期、加快育种进程的研究目标,我们首先建立了元宝枫愈伤组织诱导和增殖体系。

我们利用高神经酸种质元宝枫无菌组培苗,筛选出了适合元宝枫愈伤组织诱导和增殖的培养基配方和最适外界环境,成功诱导出元宝枫的愈伤组织(图 7-13)。下一步将筛选适宜培养基,利用愈伤组织生产神经酸,为研究 AceKCS 基因功能和利用愈伤组织生产次生代谢物质提供转基因材料和实验体系。

芥酸是神经酸合成前提,KCS/FAE1 基因不仅是神经酸合成的关键基因,也是芥酸合成的关键基因。不同物种的 KCS/FAE1 基因的底物特异性不同,目前研究表明,富含神经酸物种中的 KCS/FAE1 转基因过表达后可获得更多的神经酸,而不含或低神经酸物种中的 KCS/FAE1 转基因过表达只能获得更多的芥酸。筛选适宜元宝枫 AceKCS 生产高神经酸/低芥酸的转化受体植物(高芥酸植物),以期在种植面积更大、产量更高的油菜中获得富含神经酸的油菜品系,为获得利用富含神经酸非转基因基因编辑油菜品系获得廉价的神经酸产品打下理

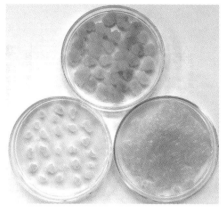

图 7-13　元宝枫愈伤组织诱导和增殖生长状态

论基础。因此,我们团队优化了甘蓝型油菜 Westar 遗传转化体系(图 7-14)。

图 7-14　甘蓝型油菜 Westar 遗传转化体系的建立

第八章　元宝枫苗木培育

优质壮苗是元宝枫丰产的基础。元宝枫苗木质量的好坏,直接影响着造林质量、树木生长发育及种子的产量和质量。因此,应加强壮苗的培育。

元宝枫苗木的繁育方法主要有播种育苗和嫁接育苗两种。目前,生产上主要采用的是播种育苗,该方法操作简单,短时期内能繁殖大量苗木,但培育出的苗木往往良莠不齐,且结果晚。用嫁接方法繁育元宝枫苗木,虽然操作技术相对复杂,但培育出的苗木能保持母树的优良特性,结果早,单产高,是培养元宝枫优质壮苗的主要途径。

第一节　元宝枫播种苗的繁殖

一、采种母树的选择和种子储藏

(一)采种母树的选择

选择采种母树,指人为地从自然界挑选符合人们需要的群体或个体,以提高林木的遗传品质。因此,不是所有的结实树木都能作为采种母树的,元宝枫的采种母树必须是生长健壮、无病虫害、结实早、产量高、盛果期长、出油率高、油质好和抗性强的树种。

目前,我国元宝枫生产技术还处于应用起步阶段。生产上,造林以播种苗为主,各地在元宝枫育苗时,往往随意采集元宝枫种子育苗。而现有的已挂果的元宝枫树木,单株之间往往差异较大,所产种子优劣混杂,因而造成苗木质量参差不齐,直接影响元宝枫的生产力。

用于播种育苗的种子应由良种种子园或良种采种基地提供。在目前良种种子供应不足的情况下,各地可在当地选择优良单株,在此基础上初选一些采种母树,作为向良种育苗发展的过渡,同时应迅速建立良种采集基地。

(二)种子的采集

元宝枫种子是育苗、造林的物质基础。作为播种用的种子必须发育健全、饱满、品质好、无病虫,才具有发芽率高、抗逆性强的基础。元宝枫种子的成熟和成熟期,因各地气候条件不同而有差异。当元宝枫种子完成了生长发育过程,而且种实外部显示出固有的成熟特征时,称为形态成熟。形态成熟的元宝枫种子特点是,果皮呈棕黄色或褐黄色,具光泽。剥开果皮,种子呈棕红色或桃红色,种皮致密较硬,种皮内种仁饱满,种仁呈米黄色或亮黄色,内部物质已转化为难溶状态,呼吸作用微弱。翅果含水率已降至 10% 以下,开始进入休眠状态,易于贮藏。

元宝枫果实的形态成熟期一般在 9~10 月,东北大兴安岭南部、内蒙古地区,为 9 月中下旬;华北地区为 9 月下旬;陕西、河南、甘肃南部为 10 月上旬,各地随气候变化略有差异。元宝枫进入休眠期树叶先脱落,也有少量种子脱落,落叶后,翅果挂满枝头,正是种子采收的最佳时期。此时得到的种子不仅净度高,树叶夹杂物少,而且自然风干好,收种率也高。如果采收过晚,饱满种子相继脱落,收种率降低,种子质量也降低。另外,在元宝枫种子成熟季节长期刮大风的地区,宜在种子成熟后立即采集,以免造成损失。如果采种过早,种胚发育不健全或养分积累不充分,种子生活力差,发芽率低,培育的苗木生长不良。因此,应防止采青掠青。

种子采收最好选择无风或微风的晴天进行。采种时先将树下杂物清理干净,并铺上一层塑料薄膜或编织布,用竹竿轻轻敲打树枝,种子便会飘落而下。尽量不要碰伤枝条,以免影响下一年结果。

(三)种子的贮藏

新采收的元宝枫果实往往混杂有各种夹杂物,如果枝、果柄、树叶和沙石粒等,可采用风选或筛选净种。净种后,必须及时进行适当干燥,在阴凉通风处晾干,使其含水量达到一定标准方能安全贮运。相对地说,干燥的种子是一种处在静止状态的有机体,新陈代谢作用很微弱。全国各地新收获的元宝枫翅果,由于成熟度不一致,所含水分是有差异的,当水分较高的种子和水分较低的种子混合在一起时,就能发生水分的转移,因此,在不同时间收获的种子应该分别进行处理。

种子的干燥程度一般以能维持其生命活动所必需的水分为准,这时的含水量称为种子的安全含水量(临界含水量或标准含水量)。高于安全含水量的种子,由于新陈代谢作用旺盛,不利于长期保存种子的生命力;低于安全含水量时,则由于生命活动无法维持而引起种子死亡。元宝枫翅果的安全含水量在 8% 左右,接近于气干时的含水量。

新采收的元宝枫翅果,经过去杂净种和阴干达到安全含水量后,装入袋、箱、缸等容器内,贮放在干燥的环境中。短期贮藏的翅果,如秋天采集的供春天播种用,可采用普通干藏法,即用一般容器盛装,放在阴凉干燥的室内。需要保存的翅果,可采用密封干藏法。元宝枫翅果富含脂肪和蛋白质具有香味,易遭鼠害,宜放入缸中,加盖密闭。

贮藏期间要经常注意检查,防虫、防鼠、防潮,如果出现发热、霉变等问题,应立即将种子摊开晾晒。

二、播种育苗方法

（一）苗床准备

1. 苗圃地的选择

苗圃地应尽量安排在交通方便，有灌溉条件，地势平坦的地方。同时应选择土层深厚、排水良好、肥沃疏松的沙质壤土作苗圃地。黏重的土壤通气排水性能差，苗木出土困难，并且生长不良，不宜作苗圃地。长期种植烟草、棉花、玉米、蔬菜等地块，培育苗木易发生病虫危害，如果必须选用，育苗前要做好灭菌杀虫工作。

2. 播种前的整地

选定的苗圃地在做床前应进行平整、碎土和保墒等工作。这对苗圃发芽率、成苗率、苗木产量和质量影响很大，要认真做细。为消灭土壤中的病原菌和地下害虫，现在国内外多采用高温处理与药剂处理。

（1）高温处理土壤。国内多用烧土法。在柴草方便之处，可在苗圃地上堆放柴草焚烧，使土壤耕作层提高温度，达到灭菌的目的，且有提高土壤肥力的作用。日本用特制的火焰土壤消毒机，用汽油作燃料加温，使土壤耕作层温度达到80℃左右，消灭土中病原菌、有害昆虫和杂草种子等。

（2）药剂处理。对金龟子幼虫、蝼蛄等地下害虫，用50%辛硫磷颗粒剂，每公顷用30~37.5kg（每亩2~2.5kg）。以五氯硝基苯加入代森锌（或苏化911、敌克松等）的混合剂，比例一般为：五氯硝基苯75%，代森锌（或苏化911、敌克松）25%。施用量为4~6g。将药配好后与细沙土混匀做成药土，播种前把药土撒于播种沟底，厚度约1cm，把种子撒在药土上，并用药土覆盖种子。

（3）做床。苗床育苗的历史最久。苗床的种类分为高床和低床。

高床：床面高出步道的苗床。床面的高度高出步道15~25cm（一般为17~20cm，利于灌溉），床面宽度90~100cm（如用喷灌，床面宽度可达100cm以上），步道宽度为45~60cm，一般多用50cm（图8-1）。苗床的长度依地形而定，在灌溉和土壤管理方便的前提下，苗床越长土地利用率越高。一般地面灌溉，苗床长度多为10m，如用喷灌和其他生产环节机械化经营时，长度可达数十米甚至数百米。

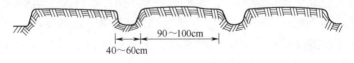

图8-1　高床示意图

优点:排水良好,增加肥土层厚度,通透性较好,土温较高,便于应用侧方灌溉,床面不易板结,步道可以用于灌溉和排水。

缺点:做床和以后的灌溉费水,管理费工。

低床:床面低于步道的苗床。低床的床面一般低于步道15~20cm,步道宽度为40~50cm,床面宽度一般为100~150cm(图8-2),苗床长度的确定原则同高床。一般在降水量少、较干旱、雨季无积水的地区多用低床。

优点:做床比高床省工,灌溉省水。

缺点:灌溉后床面板结,妨碍土壤的通透性,要及时松土。不利于排水,起苗比高床费工。

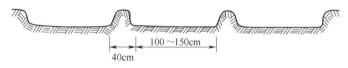

图8-2　低床示意图

(二) 种子处理

为了提高种子的生活力,使种子发芽整齐而迅速,幼苗生长健壮,加快其发育,经过干藏的元宝枫翅果,在播种前,需要进行催芽处理。实践证明,运用合理的催芽技术可提高田间发芽率,幼苗出土早,出苗整齐,长势均匀。元宝枫种子催芽方法,主要有沙藏催芽和水浸种催芽。

1. 沙藏催芽

元宝枫种子一般在播前8天左右沙藏。沙藏前1天,先用清水浸泡24h,捞出后与准备好的细湿沙拌种、用种沙体积比为1∶3的比例充分混匀,堆放于阴凉通风的地面,或放于筐篓、木箱中,也可在室外挖坑沙藏催芽。沙的湿度以手握成团而不滴水,松手散团为度。贮藏种子的厚度以30~40cm为宜,上覆一层细沙,并盖上湿布或稻草,经常洒水保持湿润。沙藏后,每天翻动2~3次,待种子有10%~20%"裂嘴露白"时即可播种。

2. 水浸种催芽

浸种能加速种子萌发前的代谢过程,对加快出苗成苗有显著作用。播种前7天左右对种子进行催芽处理。具体操作为,先将种子用30~40℃的温水浸泡1天或用冷水浸泡2天,每天换1~2次水,然后,捞出种子装入木箱或筐篓中,放在温暖适宜的地方,盖上湿麻袋片或草帘,每天用水淘洗一次,翻倒一次,当10%~20%的种子幼根开始露白时,可播入土中。

另外,也可将种子置于20~30℃温水中或冷水中浸泡2天,每天换1~2次水,然后直接播入土中。这种处理方法比较简单,目前在生产上也常被采用。

浸种的效果主要决定于水温、水的相对量、浸种时间、种子密度及通气情况等。浸种方法掌握不当,对种子萌发有不良影响。元宝枫翅果浸种时,水温不宜高,浸种时间不宜太长,否则水中缺乏氧气,妨碍种子正常呼吸,使胚部细胞遭受损害,降低其生活力,不能长成壮苗。

(三)播 种

1. 播种期

播种期的早晚,直接影响苗木生长期的长短和幼苗抵抗恶劣环境的能力,对苗木的产量和质量关系很大。元宝枫种子含油量很高,秋播易遭鼠害,故宜于春季播种。具体播种时间因各地气候的不同而有差异,如陕西关中地区适宜的播种期在 3 月中下旬,北京地区在 4 月上旬,而辽宁地区则在 4 月中旬播种较好。春播宜早,早春播种发芽早,扎根深,苗木生长健壮,抗病、抗旱、抗日灼的能力增强。而播种时间过晚,如陕西关中地区 5 月播种,苗木生长量小,且遇高温干旱时,幼苗难以忍耐地表高温,受到灼伤易枯萎(表 8-1)。

表 8-1 不同播种时间幼苗出土生长情况

播种日期 (月/日)	3/3	3/9	3/15	3/23	3/28	4/7	4/20	4/28	5/6
出苗天数 (天)	28	23	18	16	14	13	11	11	11
苗高(cm)	40.0	39.8	39.6	39.0	37.1	35.2	23.31	18.8	12.5

注:苗高生长量调查日期为 1992 年 7 月 25 日。

2. 播种方法与播种量

元宝枫播种一般采用条播法,行距 30~40cm,开沟深度 3cm 左右,在土壤墒情较好的情况下进行播种。其优点是比撒播能节约种子,苗木有一定的行间距离,便于土壤管理、施肥,苗木的行距较大,苗木受光均匀,有良好的通风条件,苗木生长健壮质量好,起苗工作比撒播方便。条播时播种的方向,为了使苗木受光均匀,一般用南北向。

经过风选、筛选纯度在 95% 以上,发芽率在 90% 以上的元宝枫翅果,每亩播种量为 8~10kg。播种量太大,不仅费种子,而且出苗过密间苗费工;播种量过小,则常造成缺苗断条,苗木产量低,达不到丰产的目的。元宝枫合格苗产量在 1.5 万~2 万株/667m² 为宜。

3. 播种技术要点

播种在播种育苗的全过程中,是一个很重要的环节,它对场圃发芽率、出苗快慢和整齐与否,都有直接影响,同时也影响到苗木的产量和质量。

(1)开沟。为使播种行通直,人工播种要先画线,然后照线开沟。沟的深度对场圃发芽率的影响很大,过浅水分不足,不利于种子发芽;太深因覆土过厚,幼苗出土困难,也会降低场圃发芽率。元宝枫播种沟的深度在 3cm 左右,开沟深度要均匀。

(2)播种。播种时要边开沟,边播种,边覆土,以防播种沟土壤风干失去水分。要控制好播种量,下种要均匀。

(3)覆土。覆土厚度对种子发芽和幼苗出土影响很大,同时对场圃发芽率、出苗的早晚和整齐与否都有密切关系。覆土过薄,种子因水分不足不能发芽,且易遭受鸟、兽、虫的危害。覆土过厚,通气不良,不利于种子发芽,发芽后幼苗出土困难。元宝枫翅果播种的覆土厚度以 2~3cm 为宜。沙土疏松地幼苗容易出土,覆土宜稍厚些;质地较黏重的土壤覆土宜薄。

(4)镇压。为使土壤和种子紧密结合,种子能充分利用毛细管水,在干旱、土壤湿度较低的情况下,覆土后要进行镇压。但在黏重的土壤上不要镇压,以免土壤板结,不利于幼芽出土。在土壤过湿的情况下进行镇压也会形成结皮,应当等土壤湿度降低后再进行镇压。

(5)覆盖。为使播种后的幼苗顺利出土,苗床土壤的保温保湿显得十分重要。在没有喷灌条件的地方,元宝枫播种之后最好能覆盖麦草或地膜,以防止土壤水分蒸发和增加地温,给种子创造一个适宜发芽的条件。当有 1/3 以上的种子破土出苗时,即可将麦草逐渐撤除。盖膜的苗圃,要认真观察苗木出土情况,当幼苗基本出齐之后,应适当通风降温,逐步除去地膜。在此期间应注意高温天气,以防止由于高温使地膜灼伤苗尖嫩芽。

另外,经试验得知,苗床覆膜可促使幼苗提早出土 5 天左右。同时,幼苗生长量较未覆膜高。

4. 播种苗的年生长发育特点及苗期管理

播种苗从种子播种开始,到当年停止生长进入休眠为止,在整个生长期中,苗木在不同阶段的生长发育特点不同。按照播种苗在一年中的生长量变化规律,可将其生长进程划分为四个时期,即出苗期、生长初期、速生期和生长后期。各时期相应的管理措施不同。

(1)出苗期。从种子播种入土开始,至幼苗大部分出土,这一时期称为出苗期。时间 20~30 天。出苗期的生长特点是:种子在土壤中萌发后,首先生长出的是白色锤状物,这是主根的初生体,自此渐向土层深处垂直伸长,形成主根。当主根伸长至 5~8cm 时,胚芽才开始出土,形成幼苗的地上部分。子叶留在土中,见图 8-3。元宝枫幼苗最初展开的两片真叶外形呈椭圆形,以后相继展开的叶片呈掌状五裂。此期应注意防治鼠害,在苗床四周施放鼠药,待幼苗出土后,揭掉覆盖物。苗木出齐后喷灌 1 次水,及时清除杂草。

(2)生长初期。从幼苗大部分出土能独立进行营养生长开始,到幼苗高生长

图 8-3　元宝枫种子萌发过程

1. 胚根长出　2、3. 胚根延伸　4. 胚芽生长　5. 幼苗形成

快速增长以前,称为生长初期。在陕西关中地区,此期多出现在 4 月中旬至 5 月底之间。这一时期苗木的生长特点是:地下部分幼根生长较快,主根伸长可达 30cm 左右,同时在主根上长出较多的侧根和须根,开始形成根系,能够进行独立营养生长;而地上部分生长缓慢,到该期末,幼苗共展开 4～8 片小叶,平均苗高仅有 10cm 左右。

这一时期,育苗的中心任务是促进根系生长发育,给下一阶段的速生长打好基础。主要管理措施有:合理灌溉,及时中耕除草,疏松土壤,减少蒸发,提高地温,促进根系生长。北方地区气候干旱,一般可在 2 周左右浇水 1 次。结合浇水,每亩每次追施化肥(尿素)5～8kg。同时注意防治虫害。如果苗木密度过大,在幼苗展开 2～4 片小叶时,应进行间苗,疏除过密的苗木。间苗一般进行 2～3 次。每次间苗以后,要及时补缝浇水,防止漏气晾根。缺苗的地方,要选阴天进行幼苗带土移补,移栽后及时灌水。定苗时保留的幼苗数要略大于预计产苗量。

(3)速生期。从苗木高生长量快速增加起,到苗木高生长速率又趋于缓慢时为止,称为速生期。这一时期苗木生长的速度最快,生长量最大。地上部分和根系的生长都非常旺盛,增长速度十分明显。在陕西关中地区,此期出现在 6 月上旬至 8 月底,高生长量占全年生长量的 80% 左右,地径增长量占全年生长量的 68% 左右(图 8-4、表 8-2),根系多分布于 70cm 深度以内的土层中。

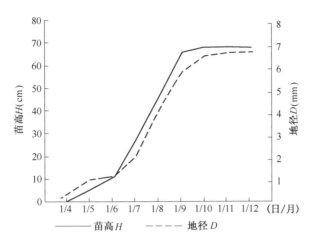

图 8-4　元宝枫 1 年生播种苗逐月生长进程

表 8-2　元宝枫 1 年生播种苗月生长量

月份	4 月	5 月	6 月	7 月	8 月	9 月	10 月	11 月	总生长量
地径(mm)	0.15	0.22	0.95	2.10	1.53	0.55	0.41	0	6.78
苗高(cm)	3.50	4.78	15.58	22.37	16.52	3.56	0.08	0	69.16

这一时期苗木的生长发育状况基本上决定了苗木的质量。因此,该时期的主要任务是加强肥、水管理,满足苗木生长所需要的水、肥等条件。一般 20 天左右追肥一次,每 1/15hm² 施尿素 10kg 左右。每次施肥后应及时浇透水,锄草一次,使苗木"吃饱喝足",促使其迅速生长。在速生阶段的后期,应停止追肥和灌溉,防止苗木徒长,促进苗木充分木质化,有利越冬。

(4)生长后期。从苗木高生长速率大幅度下降时开始,到苗木根系生长停止进入落叶休眠为止,称为生长后期。这一时期随着气温逐渐下降,苗木生长逐渐减慢,最后停止生长而进入休眠。在这一时期的前期,苗木高生长已不明显,但地径和根系仍在继续生长。当地上部分停止生长时,根系生长还要继续一段时间,这一时期苗木在形态上也发生了较大变化,叶子由绿变黄或红而脱落,苗木逐渐木质化并形成健壮的顶芽。

此时期在管理上,应停止一切促使苗木生长的育苗措施,尽量促进苗木充分木质化,保证苗木安全越冬。对于一些冬季不起苗的苗圃,越冬前要灌冬水一次。

第二节　元宝枫嫁接苗的培育

采用嫁接繁殖优良苗木,在我国已有 2000 多年的历史。但是用于培育元宝枫苗木,1992 年我们首次进行试验,近年来已大面积推广应用。随着对元宝枫化学成分研究的不断深入,产品开发产业化步伐的加快,元宝枫作为一个新兴产业悄然兴起,加工企业迫切要求加速优质元宝枫原料基地建设。通过近年来我们对元宝枫无性繁殖苗培育的实践证明,元宝枫嫁接育苗是快速繁育元宝枫良种的有效途径。它具有以下几方面的优点:

(1)保持优良性状。元宝枫实生苗是用种子繁殖出来的,其后代变异性较大,嫁接苗能保持优良品种的特性。

(2)提早开花结果。种子繁殖的苗木要经历幼年期一段漫长的历程,需要 6~8 年的时间才能开花结果,嫁接苗木是由结果大树上采集的枝芽经过嫁接生长起来的,发育阶段是原母树的继续,已进入了开花结果的年龄,所以开花结果早。

(3)增强抗逆性,扩大适应范围。元宝枫嫁接用的砧木,大多数是野生或半野生种,它们对不良环境条件具有较强的适应性,用作砧木会明显增强对冻害、干旱或病虫害等的抵抗能力和对土壤的适应性。

一、砧木的选择与培育

嫁接时要选择生长健壮,根系发达的 1~2 年生实生苗作砧木。培育元宝枫砧木有两种方式。

(一)直播育苗

将种子直接播入苗床,管理措施参照播种育苗一节。当苗木长至 8 月初时最好能进行摘心,以利于加粗生长。待砧木地径粗度在 0.4cm 以上时,可进行嫁接。

(二)平茬育苗

选用 1 年生实生苗,于春季叶芽未萌动时(2~3 月),从苗木基部平茬(剪断),待平茬桩上的芽子萌动时,保留一个饱满芽,使其抽生成枝,在其抽生的当年枝上进行嫁接。

1. 砧木类型对成活率的影响

用 1 年生实生苗及 1 年生平茬苗分别作砧木进行芽接,结果表明(表 8-3),在同一时间进行嫁接,用平茬苗作砧木嫁接成活率高于实生苗作砧木。其原因可能有两个:其一,平茬苗生长迅速,形成层细胞生长旺盛,树体组织幼嫩,芽片与砧木较易愈合;其二,实生苗由于有一个较长的出苗期,因而在同一时间(8 月 26 日)嫁接时,实生苗生长量明显低于平茬苗,表现在地径方面约低 2mm。鉴于上述原因,对生长纤弱的 1 年生苗木,可在翌年春季平茬,并在当年的 6~7 月进行芽接,该嫁接苗不仅成活率高,且生长势强。

表 8-3　实生苗与平茬苗对嫁接成活率的影响

砧木类型	嫁接日期	嫁接株数(株)	成活株数(株)	成活率(%)
1 年生实生苗	1993/8/26	117	78	66.7
1 年生平茬苗	1993/8/26	94	70	74.5

2. 砧木龄级对成活率及生长量的影响

用 1 年生及 2 年生实生苗分别作砧木,进行芽接,观察其对嫁接苗成活率的影响。试验结果表明(表 8-4):选用 1 年生实生苗作砧木嫁接成活率较高。这主要是由于 1 年生苗形成层较 2 年生苗活跃,因而嫁接后组织愈合较快。

表 8-4　砧木龄级与成活率的关系

砧木类型	嫁接日期(年/月/日)	嫁接株数(株)	成活株数(株)	成活率(%)
1 年生	1993/8/3	305	240	80.66
	1992/8/18	230	129	56.09
2 年生	1993/8/3	2346	1313	55.17
	1992/8/18	168	54	32.14

就生长量而言,砧木龄级越高,嫁接苗生长量越大。用两年生苗作砧木,嫁接苗当年抽枝高度最高可达 2.5m,而用 1 年生苗作砧木,嫁接苗当年高生长量最大值仅有 1.7m。

二、接穗的选择采集与储存

培育元宝枫嫁接苗的目的是为繁殖优良品种或类型的后代。所以选择接穗或芽,必须从经过选定的优良母树(优质、高产)上剪取枝条。而且母树无病虫害,枝条必须充实,芽饱满。接穗应采用母树树冠外围生长健壮、芽饱满的营养枝,取其中段作接穗。夏秋季嫁接所用的接穗最好随采随用,以防降低成活率。

夏秋季采集的接穗,要立即剪去叶片,以减少水分蒸发,叶柄留 1cm 长,以便芽接时操作和检查成活率。带到田间的接穗要用湿布包好或放入盛水桶中,置背阴处。接穗采集后的保存期一般不宜超过 10 天,时间太长会降低嫁接成活率。

接穗要外运时,除要附上标签外,先用湿毛巾或湿布包上一层,再用塑料薄膜包好,露出梢部。包内要加入湿润物(如湿锯末、湿稻草等)填充于枝条的中间。运到后要立即开包将接穗用湿沙埋于阴凉处或地窖中。

三、嫁接时间

(一)春季嫁接

自早春解冻至砧木发芽的这一段均可进行嫁接。在陕西杨陵地区,于 1992~

1994 年的 4 月,连续进行了 3 年的枝接(劈接、切接)和芽接(带木质部芽接)试验,共枝接苗木 1030 株,芽接苗木 640 株。结果显示,枝接苗木成活率仅有 13.4%,芽接苗木的成活率几乎为零。由此得出,元宝枫嫁接不宜在春季进行。

(二)夏秋季嫁接

夏秋季为元宝枫嫁接的主要时期,时间自 7 月上旬至 9 月上旬。以芽接为主。据我们多年试验得出,在此时期内嫁接,芽接苗的成活率较高,可达 80% 以上,最高可达 90% 以上。在此时期嫁接应注意避开阴雨天气。

(三)嫁接时间与成活率的关系

元宝枫树体内单宁含量较高,不利于嫁接成活。选择春季砧木芽萌动后到展叶初期进行芽接和枝接,在苗处于速生期的 7~9 月采用芽接,观察嫁接时间对嫁接苗成活率的影响。结果表明(表 8-5),春季芽接嫁接苗几乎不能成活,枝接(劈接)成活率也较低,高者仅有 13.4%,这与春季砧木和接穗中单宁含量高及气温较低有关。夏、秋季嫁接成活率较高,尤以 7~8 月初及 9 月初嫁接效果最好,成活率可达 80% 以上。8 月中下旬嫁接成活率相对较低,平均为 55% 左右,这与关中地区 8 月中下旬阴雨连绵有关(表 8-6)。由表 8-6 可知:嫁接前下雨,嫁接当天及接后天气晴朗,则嫁接成活率高;如果嫁接当天及接后阴雨不断,则成活率较低。

表 8-5　元宝枫不同季节嫁接成活率对照表

嫁接季节	嫁接时间(年/月/日)	嫁接方式	嫁接株数(株)	成活株数(株)	成活率(%)
春季	1992/4/5	芽接	96	1	1.0
		枝接	157	21	13.4
	1993/4/15	芽接	80	0	0.0
		芽接	100	1	1.0
	1993/4/18	枝接	238	20	8.4
		芽接	40	0	0.0
		枝接	120	4	3.3
夏秋季	1993/7/15	芽接	216	189	87.5
	1993/7/23	芽接	80	67	83.8
	1992/8/3	芽接	305	246	80.7
	1993/8/10	芽接	2550	1140	44.7
	1992/8/18	芽接	230	129	56.1
	1993/8/26	芽接	117	78	66.7
	1993/9/8	芽接	152	130	85.5

表 8-6　元宝枫不同季节嫁接成活率对照表

嫁接日期 （年/月/日）	天气条件	嫁接当天温度 （℃）	成活率 （%）
1993/7/15	嫁接前一天下雨,嫁接当天晴,接后晴	25～25	87.5
1993/7/23	嫁接前一天下雨,嫁接当天晴,接后晴	26～36	83.8
1992/8/3	嫁接前后及嫁接当天均晴天,接后浇水	25～37	80.7
1992/8/26	嫁接前一天下雨,嫁接当天阴转小雨,接后小雨	17～24	56.1
1993/8/26	嫁接前一天下雨,嫁接当天晴,接后阴转小雨	19～31	66.5
1993/9/8	嫁接前一天下雨,嫁接当天晴,接后晴	15～26	85.5

四、嫁接方法

元宝枫嫁接的主要方法为芽接。芽接的主要优点是节约接穗,方法简单,易于掌握,且嫁接成活率高。元宝枫芽接方法与其他果树基本相同,常用的有带木质嵌芽接和"T"字形芽接两种嫁接方法,现简要分述如下。

（一）带木质嵌芽接

嫁接前 4~5 天将苗圃地浇透 1 次水,嫁接时,在接芽下方 2cm 处,斜向下切削深达木质部的 1/3 处,呈短削面,再于接芽上方 2cm 处,用右手拇指压住刀背,由浅到深向下推切到第一刀口的削面处,取下盾形芽片。在砧木距地面 5~10cm 处,选择比较光滑的一面,切出与芽片大小相当的切口。然后迅速将接穗芽片插入砧木切口处,使两者形成层对准、密接。用保湿性能好的塑料条进行绑扎,接芽可露,亦可不露(图 8-5)。

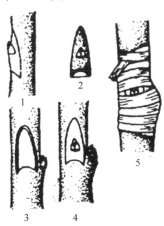

图 8-5　带木质嵌芽接示意图

1. 削接芽　2. 盾形芽　3. 削砧木　4. 插芽片　5. 绑扎

(二)"T"字形芽接

在接芽下方1~1.5cm处,从下往上,由浅入深,削入木质部,再于接芽顶端上方1~1.5cm处横切一刀,切透皮层,深达木质部到第一刀口底部。取下盾形芽片,用左手拇指和食指按下芽片。

在砧木上,距地面约5cm表皮光滑处,先用芽接刀横切一刀,其深度以切断砧皮为度,再从横切口中间往下垂直纵切一刀,长约1.5cm,形成一个"T"字形切口,用芽接刀骨柄把切口处皮层向两侧略微挑开,将削好的芽片迅速插入"T"形口内,芽片上端与"T"形横切口对齐,贴紧,再用塑料薄膜条绑扎(图8-6)。

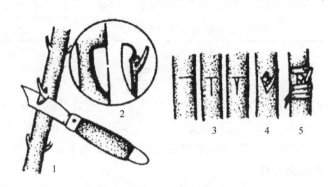

图8-6　"T"字形芽接示意图

1. 削接芽　2. 取芽片　3. 刻砧木　4. 插芽片　5. 绑扎

(三)芽接方法及芽片大小与成活率的关系

元宝枫夏秋季芽接宜采用带少量木质部嵌芽接法(表8-7),用该方法嫁接不仅成活率高,而且操作简单,只需在砧穗上各切两刀即可完成切砧和取穗过程;芽片切取大小对成活率也有一定的影响。将芽片削取长约3cm和4~5cm两种,分别进行芽接,嫁接苗成活率分别为72%和81%。由此得知:芽片削取长度以4~5cm为宜,过长则操作麻烦,种条利用率低。

表8-7　芽接方法与成活率的关系

芽接方法	嫁接时间	嫁接株数(株)	成活株数(株)	成活率(%)
"T"字形芽接	1993/8/3	102	76	74.5
带木质部嵌芽接	1993/8/3	305	246	80.7

五、嫁接苗的管理

实践证明,虽然元宝枫嫁接时嫁接方法十分重要,但嫁接后的管理更不应轻视,应认真做好下列管理工作。

（一）检查成活

芽接后经过 10 天即可检查成活情况，一般可根据接芽和叶柄状态检查是否成活。凡接芽新鲜，叶柄一触即落的，说明芽已成活，生成离层。如果接芽干燥变黑，叶柄不脱落，说明未接活，应及时进行补接，过迟砧木不易离皮，影响成活。

（二）剪砧、松绑

对于 7 月底以前嫁接的苗木，在接后 1 星期可剪除砧木顶梢，检查接芽成活后，可在接后 15~20 天解除塑料条，使接芽抽枝生长。解绑之后，要在接芽以上 2cm 处再次剪砧。剪口要平滑，并向接芽背面倾斜 45°；对于 7 月底至 8 月中旬嫁接的苗木，待其接口愈合组织已老化时，应将绑缚材料解除，因苗木在此期间粗生长迅速，如果不及时解除绑扎，会出现"蜂腰"现象，影响苗木生长；对于 8 月下旬以后嫁接的苗木可在翌年春天解除绑缚物。7 月底以后嫁接的苗木，当年可以不剪砧，可等到翌年春季苗木萌动前半个月进行剪砧，剪砧位置在接芽以上 2cm 左右。

（三）培土防寒

冬季严寒或干旱地区，为防止接芽受冻、受旱害，在封冻前应培土防寒。培土高度以超过接芽 4~8cm 为宜，春季土壤解冻后及时扒开，以免影响接芽的萌发。

（四）除 萌

接芽萌动时要及时抹去砧木上的其他萌芽和萌条，同时抹去芽片上萌发的多余芽，避免养分浪费，保证接芽上有一个枝条健壮生长。抹芽一般要进行 4~5 遍，应注意有部分接芽会出现芽片成活，而主芽脱落的情况；只要加强抹芽，大部分芽片上的副芽能够萌发 1 个或 2 个芽，不影响嫁接效果。

第三节 元宝枫扦插育苗培育

元宝枫历来作为观赏行道树栽植，国内一直沿用种子繁殖方法繁育苗木。元宝枫枝条中含单宁等抑制物质较多，被列为比较难生根的树种。1991~1993 年，对元宝枫的扦插条育苗进行了试验研究。

选择不同树龄（1 年生、2 年生、14 年生、37 年生）元宝枫母树上的当年生枝条（包括硬枝和嫩枝），用不同生长素（IAA、IBA、α-NAA、ABT 生根粉）、不同浓度、不同浸泡时间处理，然后分期、分批插入土壤（硬枝）或砂床（嫩枝）中进行试验，以探讨元宝枫扦插育苗的可行性及技术。

一、插穗选择与处理

插条采回后,先用清水浸泡 2h,然后截成一定长度的茎段(嫩枝 12~15cm,硬枝 20cm),下切口削成单马耳形。硬枝上切口要求平滑,距第一个芽子的距离约 1cm。嫩枝要求摘除插穗下部的叶片,保留上部 3~4 片小叶或 2 片 1/3~1/4 的大叶。将上述处理过的插穗每 30~50 根为一组捆好,用生长素处理。硬枝插穗的处理方法为:放入清水中浸泡 24h,每 4h 换一次水,使插穗吸足水,溶解出一部分抑制物质,然后用 ABT 生根粉 50mg/L、100mg/L、200mg/L、IAA50mg/L、100mg/L、200mg/L 及 IBA50mg/L、100mg/L、200mg/L 分别浸泡插穗基部。三种生长素处理时间依次是 0.5h、10h、10h,同时设清水浸泡作对照。嫩枝插穗用生长素处理的浓度和时间分别为 IBA50mg/L、100mg/L、200mg/L、300mg/L、400mg/L、500mg/L 浸泡 10h、20h,α-NAA100mg/L、200mg/L、400mg/L、600mg/L、800mg/L 浸泡 1h,ABT 生根粉 25、50、75、100、125、150、200mg/L。浸泡 0.5h、1h,IAA50mg/L、100mg/L、200mg/L、300mg/L 浸泡 10h,同时设清水浸泡作对照。

二、扦插方法

在硬枝扦插的前一天,用 0.2%KMnO$_4$ 溶液对土壤进行消毒。扦插时开沟将插穗埋入土中,扦插深度为 15~17cm,插后灌足水。扦插密度为 10cm×15cm,在插穗未生根前,土壤含水量始终保持在 60%~70%。扦插时间为 1992 年 3 月 29 日和 1992 年 4 月 11 日。嫩枝扦插:在扦插的前两天,用 0.5% 的 KMnO$_4$ 溶液喷淋砂床进行消毒。插时,先用一与插穗基径粗细基本相当的小棍在砂床上戳洞,深度为 3~5cm,插入插穗,压实,株行距为 5cm×6cm,插后灌足水,盖好草帘子或塑料薄膜等,并根据光照、温度、湿度情况,进行不定期的喷水、放风、遮阴等,以保持棚内的相对湿度为 85%~95%,平均温度保持在 2~28℃,光照控制在日平均 7000lx 左右。

试验地设在陕西杨陵,该处年平均气温 12.9℃,7 月平均气温 26.1℃,大于10℃ 积温 4184℃,年平均降水量 635.1mm,主要集中于 7、8、9 三个月。土壤为娄土,pH 值 7.8。

三、硬枝扦插

从 1 年生、17 年生母树上采集插穗,用不同生长素处理扦插后,观察其生根状况。其结果见表 8-8。

表 8-8　硬枝扦插试验结果

生长素及浓度（mg/L）		母树龄级					
		1 年生			14 年生		
		扦插株数（株）	生根株数（株）	生根率（%）	扦插株数（株）	生根株数（株）	生根率（%）
ABT 生根粉	50	140	10	7.1	150	0	0
	100	150	10	6.7	150	0	0
	200	150	10	6.7	150	0	0
IAA	50	170	35	20.5	150	0	0
	100	150	5	3.3	145	1	0.7
	2200	150	10	6.7	145	0	0
IBA	50	150	20	20.0	153	0	0
	100	150	10	6.7	162	2	1.2
	200	150	20	13.3	162	0	0
α-NAA	200	100	1	10.0			
	400	100	0	0			
对照清水浸泡		150	25	16.7	150	0	0

由表 8-8 可知：从不同龄级母株上采集的插穗，其生根率差别很大。由 1 年生母株上采集的插穗，生根率较高，最高可达 20.5%，而从已进入盛果期的 14 年生母树上采集的插穗扦插后，其生根率极低，高者仅有 1.2%。

另外，1993 年 3 月 10 日，从 2 年生母树上采集插穗，对其做硬枝扦插试验。由试验结果得知：用 IAA50mg/L 处理后，其生根率仅为 5%，其他处理生根率更低。

由此可知：硬枝扦插苗的生根率随其母株龄级的增高而迅速降低。

四、嫩枝扦插

分别从 1 年生、2 年生、14 年生及 37 年生母树上采集插穗进行嫩枝扦插，试验结果见表 8-9 至表 8-12。

表 8-9　1 年生母树嫩枝干扦插

扦插日期（年/月/日）	生长素与浓度	扦插株数（株）	生根株数（株）	生根率（%）
1991/6/18	清水	70	56	80

（续）

扦插日期(年/月/日)	生长素与浓度		扦插株数(株)	生根株数(株)	生根率(%)
1992/5/27	IBA	50	63	18	28.6
		100	66	15	22.7
		200	63	24	38
		300	66	6	9.1
		400	66	6	9.1
	α-NAA	200	63	30	47.6
		400	80	47	58.8
		600	60	25	41.7
		800	60	22	36.7
	清水	60	40	40	66.7
1992/8/14	α-NNA	200	60	4	6.7
	对照	清水	60	2	3.3
1992/9/14	清水		60	0	0

由表8-9得知:从1年生母树上采集插穗,经清水处理,在6月18日扦插,其生根率最高可达80%;5月27日扦插的插穗,生根率相对低些,高者仅有66.7%。造成这次扦插苗生根率低的原因,主要是由于插穗组织太幼嫩的缘故(1年生母树当时苗高仅有10cm左右)。对于8月中旬以后扦插的插穗,其生根率迅速降低,至9月中旬,清水浸泡处理过的插穗,其生根率降为零。由此可知:1年生母树嫩枝扦插苗的生根率,与扦插时间关系很大,以6月扦插效果较好。同时得知:对于1年生母树的插穗,以清水浸泡处理效果最好。

表8-10 2年生母树嫩枝扦插实验结果

扦插日期(年/月/日)	生长素与浓度		扦插株数(株)	生根株数(株)	生根率(%)
1992/5/15	IAA	50	60	1	1.7
		100	60	4	6.7
		200	60	12	20
	ABT生根粉	50	60	0	0
		100	60	4	6.7
		200	60	2	3.3
	CK	清水	60	1	1.7

（续）

扦插日期(年/月/日)	生长素与浓度		扦插株数(株)	生根株数(株)	生根率(%)
		50	60	3	0
	IAA	200	60	1	0
		300	60	0	0
1992/8/14		50	60	0	0
	IBA	100	60	0	0
		200	60	0	0
	CK	清水	60	0	0

　　由表8-10得知:从2年生母树上采集插穗,经各种生长素处理扦插后,其生根率差别较大,其中,IAA200mg/L处理有一定效果,生根率为20%。

　　对于从14年生及37年生母树上采集的插穗,无论对其采取IAA、IBA、α-NAA及ABT生根粉中的任何一种生长素处理,扦插后,虽然有70%左右的插穗能存活40天以上,而且在插穗基部长出成堆的愈伤组织,但其最终生根率极低,最高者不及2%,见表8-11、表8-12。

表8-11　14年生母树嫩枝扦插试验结果

扦插日期(年/月/日)	生长素与浓度(mg/L)		扦插株数(株)	生根株数(株)	生根率(%)
		50	60	0	0
	IAA	100	60	0	0
		200	60	0	0
		50	60	0	0
	ABT生根粉	100	60	0	0
		200	60	0	0
1992/5/18		50	60	0	0
	IBA	100	60	0	0
		200	60	0	0
	α-NAA	100	60	0	0
	CK	清水	60	0	0
		25	60	0	0
		50	60	0	0
1992/8/12	ABT生根粉	100	60	0	0
		125	60	0	0
		150	60	0	0

表 8-12 37 年生母树嫩枝扦插试验结果

扦插日期(年/月/日)	生长素与浓度(mg/L)		扦插株数(株)	生根株数(株)	生根率(%)
1991/6/18	IBA	50	60	0	0
		100	60	0	0
		200	60	0	0
		300	60	0	0
		400	60	0	0
		500	60	0	0
1992/7/4	α-NAA	200	60	0	0
		400	60	0	0
		600	60	0	0
		800	60	0	0
	CK	清水	60	0	0
1992/8/12	ABT 生根粉	25	60	0	0
		50	60	0	0
		75	60	0	0
		100	60	0	0
		125	60	0	0
		150	60	0	0
	CK	清水	60	0	0

另外,还选用 14 年生母树伐倒后由树桩萌生出的当年生枝条(以下简称伐桩萌条)为材料,进行嫩枝扦插,试验结果见表 8-13。

表 8-13 14 年生伐桩萌条嫩枝扦插试验结果

扦插日期(年/月/日)	生长素与浓度(mg/L)		扦插株数(株)	生根株数(株)	生根率(%)
1992/5/15	IAA	100	50	8	16.0
		200	50	16	32.0
	ABT 生根粉	100	50	0	0
		200	50	6	12.0
	CK	清水	50	0	0

（续）

扦插日期(年/月/日)	生长素与浓度(mg/L)		扦插株数(株)	生根株数(株)	生根率(%)
1992/8/16	IAA	100	50	0	0
		200	50	0	0
		300	50	0	0
	IBA	200	50	0	0
	α-NAA	200	50	0	0
	CK	清水	50	0	0

由表8-13可知:伐桩萌条的最大生根率为32%,它比同龄母树树冠穗条的生根率(表8-11)至少要高出17倍。由此得知:伐桩萌条具有返幼性,可使多年生母树插穗生根率提高。

五、扦插条育苗应注意的问题

（一）母树的年龄

年幼的母树再生能力强,含抑制生根物质少,所含营养物质主要用于营养生长,所以其枝条的生根能力强,成活率高。与此相反,树龄大的含抑制物质多,生根力弱。元宝枫嫩枝中的生长素多,半木质化的枝条含氮量高,可溶性糖和氨基酸含量都较多,酶的活性旺盛,有利于形成愈伤组织和生根,故宜用嫩枝插条育苗。

（二）枝条部位

枝条中部的根原基数量和贮存营养物质含量高,插穗成活率高。最好选用枝条中部作插穗。

（三）用水浸枝条

元宝枫枝条中单宁等抑制物质含量较高,用水浸插条,不仅增加插条的水分,还能减少抑制物的抑制作用,有提高成活率的效果。在干旱地区元宝枫插条用水浸更有必要,一般浸泡3~5天。水浸最好用流动水,如无流动水,要每天换水。

（四）剪插穗

插穗长度一般为10~15cm。为了减少切面蒸发水分,上切口应剪成光滑的平面。插穗上端切口,就距第一芽1~2cm,在干旱地区更为重要。下切口要截成斜口呈马耳形,下切口要在叶柄或侧芽之下1cm,切口要平滑,防止切口劈伤。截制后用水浸泡或及时收集贮存。

（五）插　壤

插穗的生根,既需要适宜的水分,又需要适宜的氧气。因此,插壤要保水和通气性都好。一般用蛭石、石英沙、河沙等做插壤效果好。

(六) 扦插深度

因为扦插生根需要氧气,故越浅越好。一般 0.5~1cm,不倒即可。

第四节　元宝枫移植苗和平茬苗的培育

近年来,随着我国旅游业的快速发展,"红叶经济"的悄然兴起,北京"香山红叶"加之八达岭的红叶,使元宝枫的知名度大增。营造元宝枫景观林,选用大苗或幼树栽植,可以收到立竿见影的效果,很快满足绿化功能供人观赏;同时随着对元宝枫化学成分和药用开发研究的不断深入,群体食用元宝枫油、元宝枫保健茶获得良好效果,对元宝枫产品的保健功能信任度不断提高,元宝枫食用、药用产品的需求量与日俱增。加工企业迫切要求加速元宝枫资源基地建设,必然希望加快元宝枫大苗木的培育。因为大苗木具有发达的根系,生长健壮的苗干,苗木对自然灾害的抵抗力较强,所以造林成活率高,生长快,减少补植等投资。为了培育大苗壮苗,需要进行移植。

一、苗木移植和培育

在苗圃中将元宝枫苗木更换育苗地继续育苗称移植,凡经过移植的苗木统称移植苗。播种育苗一般密度较大,继续培育 2~3 年生以上的苗木,在原播种区继续育苗是不适宜的,因为营养面积小,光照不足,通风不良,常使苗木地上部枝叶少,苗干细弱,地下根量也少,造林成活率低,而且生长不良。移植就是把苗木从原拥挤的苗床,移到具有充分营养空间的圃地。其目的在于为苗木创造良好的生长环境和充足的发育空间,改善通风、透光条件,促进侧根和须根的生长,促进苗木生长发育,培育出造林、绿化所需要的合格壮苗。

元宝枫大苗从苗龄上来说,是指 3~5 年生以上的苗,但由于技术管理精细程度不同及个体的差异,即使同一龄级的苗木,在高粗生长方面都有很大差异。所以大苗的规格标准,不仅要注意苗龄,而且要注意苗高和茎秆粗度。在生产中,可根据绿化任务的不同要求,选用不同的苗木出圃规格。元宝枫大苗培育,可采用如下几种方式。

(一) 留床法

为培养 3 年生的大苗,可采用中低密度的播种育苗,株行距 30cm×40cm,培育 3 年苗高为 2.5m 左右,根际直径 2cm 以上的大苗。

(二) 疏苗法

为培育 3 年生以上的嫁接苗或实生大苗,可采用先密播后疏留的办法。播种量 150kg/hm² 左右,播种行距 30cm。播种后于第二年春季,用隔行疏行,隔 1

株疏 2~3 株的方法进行疏苗,疏苗后行距变为 60cm。留下的苗木继续培养,因未移植,苗木没有受到损伤,加上肥水管理措施,苗木生长很快,到第三年至第四年,可根据苗木生长状况,继续进行隔行隔株的疏苗工作,使株行距变为 60cm×120cm。根据需要,可出圃一部分苗木。苗木长到第五年需将株距继续扩大,隔 1 株移出 1 株,行距不变,株行距变为 120cm×120cm,第六年苗木可全部出圃。

(三) 栽植法

春季,选用 1~2 年生元宝枫壮苗,以 60cm×120cm 的株行距进行定植,培养高 3m 以上,胸径 3cm 以上的大苗。定植后于苗木基部离地面 1~2cm 处平茬(剪断),保留一芽使其抽生成枝,当年可长成干形通直的苗木。待苗木长到第 4 龄或第 5 龄时,根据苗木生长情况,可隔行去一行,使株行距变成 120cm×120cm。在培育期间,每年都要加强肥水管理。第 5~6 龄苗木即可出圃。移出的苗木可继续以 120cm×120cm 的株行距培养,也可根据需要出圃。

(四) 移植苗木应注意的问题

(1)在移植前要将苗木按大小进行分级,不同等级的苗木按规定的株行距画线、定点、分区栽植,使移植后苗木生长整齐,减少苗木的分化现象,也便于管理。

(2)为提高移植成活率,力求做到随起苗,随移栽。从起苗至栽植,要始终注意防止苗木失水,特别要保持好苗根,使其保持湿润状态,防止阳光曝晒,并注意遮阴,必要时要洒水保湿。

(3)对苗木的枝条和根系进行适当修剪。为促进侧根发育和避免移植时根系卷曲,可将过长的主根适当剪短,一般根系保留长 20cm 即可。对机械损伤的根系,为防止腐烂,也应进行修剪。

(4)栽植时必须注意苗干端直,苗木根系舒展,严防窝根或使根系卷曲造成不良后果。栽植深度一般应比原来根际土印深 1~2cm,以防土壤下陷根系外露。填土达 8 成时,向上提苗,然后踏实,再培土再压实。

(5)移栽后要及时灌溉 1~2 次水,并适时进行中耕。

(五) 元宝枫大树移植的修剪与养护

元宝枫历来是我国人民喜爱的风景园林观赏树种,自古以来在名山胜地、公园、旅游景点、庭院绿化中广为栽植。元宝枫树冠高大、枝密荫浓、叶形秀丽,多用作行道树栽培。元宝枫大树移栽,也越来越被各地所采用。特别是旅游景点、重点园林工程地段,能在较短时间内改善景观。但如果措施不当,保护不力,往往造成成活率不高的后果,事倍而功半,因此,特别要注意新植大树的修剪与养护工作。

1. 修　剪

起根修剪是大树移栽的重要环节。在大树起根过程中,不论如何细心,难免会损伤一些根。尤其在起重机的帮助下,损伤会更大,如果在起吊过程中不能带上完好的土坨,应将大树的老根、烂根锯掉或剪除,将裸根蘸上泥浆,再用湿草袋等物包裹。在装车运输前,较年幼的树可从根际以上 3m 处截干;较老的树要锯掉枯黄枝和大部分大枝。起根时所留土坨直径视树木年龄和树冠直径大小而定。

2. 养　护

(1)促进发新根。一是控制水量:新植的大树,因根系损伤而使吸水能力减弱,对土壤中水分的需要量较小,土壤保持湿润即可,水量过大,反而不利于大树的生根,还会影响到土壤的透气性,不利于根系的呼吸,严重的会发生沤根现象。土壤水分过多,应采取适当排水措施。二是提高土壤的透气性:保持良好的土壤透气性,有利于大树新根系的萌发。应注意及时中耕、防止土壤板结。三是保护树木萌发的新芽:新芽的萌发,是大树进行生理活动的标志。树木枝干部分萌发的新芽,能自然而有效地刺激地下部分的生根。在这一期间,不宜进行整形修剪,任其抽枝发叶,并加强喷水、遮阴、防治病虫害等保护管理措施,待大树完全成活后,再进行整形修剪。

(2)大树地上部分的保湿。喷水:树木的地上部分(尤其是叶片),因树木的蒸腾作用而容易散失水分,必须及时喷水保湿。有条件的地区,可安装细孔喷头进行喷雾。包裹树干:用草绳、草袋等物包裹树木的主干和大侧枝。其好处是能让包裹处有一定的保温和保湿性,可以避免阳光直射和干风吹袭。

(3)树体的保护:①设支撑架:由于大树树体较大,头重足轻,容易倾斜,因此,新植的大树,应设立支撑架固定。支撑架桩以正三角形桩最为稳固,上支撑点应在树高的 2/3 处为宜,并加保护层,以防伤皮。②施肥:新植的大树,根系吸收力差,不宜进行地面施肥。可采取叶面施肥的办法,选择晴天早晨,晚上或阴天时,施低浓度速效肥,一般每半月进行一次。待确定根系已恢复后,可进行土壤施肥,施肥时应做到薄肥少施,勤施,防止肥大烧根。③防治病虫害:由于新植的大树,树势较弱,很难抵御病虫害的侵袭。因此,要做到以防为主,经常检查,并根据元宝枫大树易遭天牛侵袭的特点,及时对症下药,消除隐患。④慎防冻害:由于新植的大树萌动时间较晚,年生长周期短,因而组织木质化程度相对会较低,易受到低温冻害。大树当年生长后期,要停止施用氮肥等肥料,浇水量也要进行控制,以提高树体的木质化程度,增强抗寒能力。入冬寒潮来临之前,可采用塑料膜包裹树体,做好防寒工作。

二、平茬苗的培育

平茬是利用元宝枫的萌芽能力,截去已成活苗木的主干,促使保留在地表以上的部分长出新茎的一种技术措施。平茬有多方面的作用,当苗木的地上部分由于机械损伤、冻害、旱害、病虫害或动物危害不能成活或失去培养前途时,通过平茬可以从新长出的几个萌条中选留最健壮的 1 个,培养成端直的主干。利用元宝枫萌芽力强的特点,将幼苗或幼树从地面以上 1.5~2.5cm 处把主干剪去的一种修剪技术(图 8-7)。

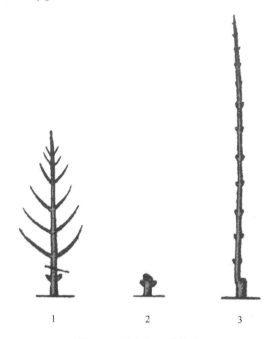

图 8-7　元宝枫平茬技术
1. 实生苗　2. 截干　3. 平茬苗

元宝枫是顶端优势较强,但侧芽萌蘖力也很强的树种。当苗木顶芽受损后,常常造成苗木侧枝丛生。尤其是长势较弱的 1 年生苗木时常出现侧枝丛生的现象,很难将其培养成干形较好的大苗。为了培育具有一定枝下高和干形挺直的苗木,对长势较弱的 1 年生苗木进行平茬处理试验,其结果见表 8-14。

表 8-14　平茬苗生长状况

苗床类型	苗木株数（株）	生长量				干形状况
		1993/3/24(平茬前)		1993/11/20		
		平均高度（cm）	平均地径（cm）	平均高度（cm）	平均地径（cm）	
平茬床 A	215	32.5	4.3	81.7	6.9	直、圆满度好
对照床 A	241	34.6	4.6	90.2	7.3	不直
平茬床 B	182	38.7	4.5	85.7	7.1	直、圆满度好
对照床 B	170	38.5	4.4	93.0	8.0	不直

注:表中数据为距地面 5cm 处的测定结果。

试验表明,平茬苗生长迅速,当年的生长量显著高于对照苗。平茬苗当年萌生的主枝和未平茬两年生实生苗(对照)相比,平均高度约低 8cm,地径约低 0.7mm,但平茬苗干形通直,圆满度好。

表 8-15 表明了平茬苗具生长势强等优点。平茬苗单株叶片总数(元宝枫为对生叶)高于对照苗,平均每株多 4 片叶片;就叶面积而言,平茬苗单株叶面积比对照苗高 43.85%;就叶片重量而言,平茬苗也明显高于对照苗,鲜重高 26.19%,干重高 24.88%。由此可知,平茬苗的单株叶片数量、叶片总面积及叶片总重量均明显高于对照苗。这表明平茬苗光合能力强,光合产量高,苗木生长量大。

表 8-15　平茬苗生长势分析

测定项目		平茬苗	对照苗
苗木高度(cm)		124.80	124.60
苗木地径(mm)		10.14	10.53
叶片总数(片/株)		62.00	58.00
平均单株叶面积(mm^2)		122605	85231
平均叶片重(g/10 片)	鲜重	6.89	5.46
	干重	2.51	2.01

注:表中数据为 30 株苗木的平均值,测定日期为 1993 年 8 月 28 日。

可见,平茬育苗不仅可以改善苗木干形,而且可以提高苗木生长势。因此,对弱苗、差苗进行抚壮改良,运用平茬育苗显得特别重要。

1997 年 9 月,雷瑞德、王性炎教授对陕西省勉县元墩乡基岩裸露石质山地元宝枫 1 年生平茬苗的生长状况进行了调查。

元宝枫造林地海拔 700~820m,坡度 38°~42°,坡向 S25℃E。土壤为沉积岩残积母质,基岩物理风化明显,碎片状,岩层裸露,土壤发育不好,无层次分化,强碳酸盐反应,在 40cm 土层内,碎石含量达 65%。

造林地元宝枫苗木保存率为 100%,无病虫害。在坡上、坡下分别抽样测定 30 株苗木,其生长状况见表 8-16。

表 8-16　不同坡位元宝枫 1 年生平茬苗生长状况比较

坡位	平均地径 (cm)	平均高 (cm)	平均冠幅 (cm)	枝下高 (cm)	平均 (cm)	侧枝平均长度 (cm)
坡上	1.77	144	110	0~20	11	55
坡下	2.15	160	135	0~20	17	75

从上表可见,坡上部苗木地径变幅为 0.6~2.8cm,苗木株数随径阶变化呈正态分布。坡下部苗木地径变幅为 1.1~3.0cm,苗木株随径阶变化也呈正态分布。

坡上和坡下苗木高度和冠幅均与地径呈正相关关系,冠幅的变化幅度较大。地径与苗高、冠幅的相关关系见图 8-8。

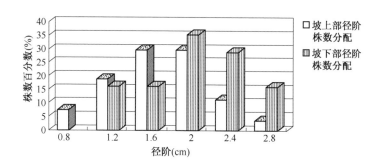

图 8-8　坡上、坡下造林地上元宝枫 1 年生平茬苗的径阶株数分配比较

在年降水量不低于 400mm 的陕西南部地区,在排水良好基岩裸露的石质山地上,元宝枫苗木根系发育很好,苗木地径和高生长较关中平原地区生长量高。该地区元宝枫平茬苗生长健壮,干形端直。

第五节　元宝枫苗木出圃和运输

苗木质量达到造林要求的标准时,即可出圃。苗木出圃是元宝枫育苗工作的最后一道工序,主要包括起苗、分级、统计、假植、贮藏、包装和运输等。这项工作做得好坏,直接影响苗木的产量和质量,同时也影响造林成活率和造林后林木生长发育状况,因此,必须十分重视苗木出圃的各项工作。

一、起　苗

起苗又叫掘苗。元宝枫适宜的起苗时间是在苗木休眠期,即从秋季落叶地上生长停止时开始,到翌年春季树液开始流动以前都可以起苗。元宝枫具体的起苗时间,还要根据各地植树造林的季节来确定。

(一)秋季起苗

秋季是我国南方地区和陕西南部的重要造林季节。秋季气温逐渐降低,雨季刚过,土壤湿度比较大。这时苗木地上部分已处于休眠状态,而根系还在活动。造林后,苗木经过越冬,根已愈合恢复,第二年春天,苗木能早发芽,早生根,当干旱来临时,苗木已有一定的抗旱能力,从而能大大提高造林成活率。秋季起苗要求苗木梢部一定要木质化,否则越冬时易受冻害。

(二)春季起苗

春季是大多数地区的主要造林季节。春季气温较低,且逐渐回升,蒸发量不大,土壤湿润,苗根愈合快,芽未萌动,栽植后容易成活。元宝枫起苗时期,原则上应与造林绿化时期密切配合,做到随起苗随定植,这样栽植的苗木成活率高。北方地区冬季寒冷干旱,一般以春季起苗较好,即在土壤解冻后至苗木萌芽前进行。如果苗圃地土壤过于干旱,应在起苗的前3~5天灌一次水,使土壤湿润,可减少根系损伤,同时可使苗木吸收充足水分,以利成活。

(三)起苗技术

起苗技术的优劣,直接影响苗木质量。起苗必须做到:保证苗木具有完整的根系,不损伤苗木的地上和地下部分,最大限度地减少根系失水。起苗时切忌硬拔苗根,同时还要防止碰伤枝芽。

二、苗木分级

起苗后,将苗木置于背阴处,根据苗木的规格质量指标进行分级,以保证苗木的质量。不同龄级及不同育苗方法培育的元宝枫苗木,规格要求不一。一般是根据苗龄、苗高、根际直径或胸径、主侧根的状况,将苗木分为合格苗、不合格苗和废苗三类。废苗和不合格苗不能出圃,不合格苗可集中移栽继续培养,对于顶芽受损、主干弯曲、发育不良的元宝枫苗木,可平茬令其重新萌生。合格苗是指符合出圃最低要求以上的苗木,可以出圃。合格苗的基本要求为:枝条健壮,芽体饱满,具有一定的高度和粗度,根系发达,无检疫性病虫等,嫁接苗要求接口愈合良好。

根据对合格苗高度和粗度的要求,又可将合格苗划分为几个等级,见表8-17。

表8-17　元宝枫1年生播种苗的分级规格参考标准

苗木等级	苗高(cm)	地径(cm)
特级	>120	>1.10
一级	90~120	0.80~1.10
二级	70~89	0.6~0.79
三级	50~69	0.40~0.59

注:三级苗以下不宜造林。

三、苗木的储藏与包装运输

(一)苗木的贮藏

贮藏苗木的目的是为了保持苗木质量,尽量减少苗木失水,防止发霉等问题,最大限度地保持苗木的生命力。苗木的根系比地上部怕干,细根比粗根更易干枯。所以,保护苗木首先要保护好根系,防止风吹日晒。现用的贮藏苗木方法有假植和低温贮藏。

1. 假　植

起苗后,若不能运出造林,或运到造林地不能立即栽植时,必须把苗木集中起来,将苗根埋在湿润的土中,以防干枯,这种工作称为假值。根据假植时间的长短,分长期假植和临时假植。凡须越冬的假植都属于长期假植。

较长期假植要求选择避风、排水良好、不影响来年春季作业的地方预先挖假植沟。沟深视苗木大小和苗根长短确定,一般为35~45cm,东西走向。沟的南壁挖成斜坡,顺此斜面将苗木稀疏地排放在沟内,然后填湿土将苗根和苗干基部埋好踩实,使根系与土壤充分密接,达到"疏排、深埋、踩实"的要求。土壤干燥时,可用秸秆等覆盖苗木,在风沙危害严重的地方,要在假植区的迎风面设防风障。

临时假植,通常是将苗根及苗干基部埋土即可。无论长期假植还是临时假植,都必须注意保护苗根,使苗根与土壤密接,不受旱、不受冻。假植期间要经常检查,发现苗根变干或发霉,要及时处理。

2. 低温贮藏

为了更好地保证苗木越冬,将苗木置于低温下保存,既能保证苗木质量,又能推迟苗木的萌发期,延长造林时间。元宝枫苗木可利用冷藏库进行贮藏,温度控制在−3~3℃范围内,这个温度范围适于元宝枫苗木休眠。相对湿度为85%~100%,要有通气设备。北方地区也可以利用冰窖,能保持低温的地下室和地窖等进行贮藏。

(二)裸根苗的包装和运输

起苗分级后,若需运往外地植树造林,必须对苗木进行适当的包装和妥善的管理,目的是防止运输期间苗木失水,苗根干燥,同时也避免碰伤。苗木怕失水,根系更怕失水,经不起风吹日晒。实践证明,元宝枫苗木根部暴露于阳光下,或长途运输中被风吹,会大大降低成活率,甚至大量死亡。

运输时间较长时要进行细致包装,一般用的包装材料有:草包、蒲包、聚乙烯袋等。对于比较小的元宝枫1年生苗木,先将根蘸上黄泥浆后用塑料袋捆扎成包。对于4年生以上的元宝枫大苗必须单株用塑料布捆扎根部,在根部夹放一些湿稻草或锯末,以保证苗根不失水。

运苗应选用速度快的运输工具,尽量缩短运输时间。苗木运到目的地后,要立即将苗包打开,进行假植,或直接进入造林地尽快栽植。

第九章　元宝枫栽培技术

元宝枫是一种集绿化观赏、经济利用和水土保持等于一身,综合利用价值很高的树种。生产中,可根据不同的栽培目的选择不同的栽培形式和管理措施。

从生产角度看,当前元宝枫栽培主要是围绕产果、产叶和绿化为目的展开的。

第一节　栽培模式及技术

(一)以果为主的元宝枫栽培

以果为主的元宝枫栽培,其中心目的是使元宝枫树能提早结果、多结果、结好果、年年优质高产。但是要真正达到这一目的并不是一件容易的事情。原因在于:长期以来,元宝枫一直采用种子繁殖,加之栽培区域气候的差异,致使元宝枫变异情况复杂。优良单株、优良品种选育工作步伐缓慢,优良嫁接苗资源十分匮乏,造成了生产中栽植的元宝枫苗木良莠不齐;元宝枫为高大乔木,长时间以来,管理措施相当粗放,不少地方只种不管,降低了树木生长和种子产量。因此,要实现元宝枫种子高产稳产,就必须解决好上述两个问题。近年来,许多科技人员为适应形势的发展,对以获取种子为目的的元宝枫栽培展开了调查研究和科学试验,取得了一定的成果。

以种子为主的元宝枫栽培大体可概括为两种方式:一是矮化密植,二是乔干稀植。

1. 矮化密植栽培

利用元宝枫萌芽抽枝能力强的特点,进行合理矮化密植是元宝枫早期丰产的一种栽培形式。这种栽培方法的特点是:①主干矮,枝下高一般为 60~80cm,由于树冠矮化,减少了养分输送的距离,管理也较方便;②密度高,可以充分利用地力,充分利用群体结构,树体结实早,产量高,收益快。但密植栽培要求管理较精细,不能粗放经营,否则,将显示不出其优越性。

元宝枫密植,即在稀植的基础上加密栽植。栽植密度可依据地势、地力等条件确定。在土层深厚、土壤肥沃、有灌溉条件的平地上栽植,密度宜稀,株行距可采用(3~4)m×(4~5)m,每 667m² 栽植 34~56 株;在土层浅薄的山地或浅山区栽植,密度宜密,株行距可采用(2~3)m×(3~4)m,每 667m² 栽植56~111株。为充分利用土地和空间,还可采用高密度栽植,随着树龄增长,树冠冠幅变大,待林地郁闭后,逐步隔行或隔株稀疏,最终达到所要求的密度。

2. 乔化移植栽培

自然状况下生长的元宝枫,一般都能长成具有独立主干的乔木。根据这一特点,可将元宝枫培育成中干或高干乔木,并进行适当稀植,即为乔干稀植栽培形式。它是我国历史上一贯采用的栽培方式,当前我国各元宝枫产区的种子,主要来源于 20~80 年生元宝枫乔化大树,主要是实生大树。由于树龄、管理措施和个体性状等的差异,单株种子产量悬殊极大。乔干栽培一般苗龄较长,通过嫁接后,结果年限可提前,只要管理得好,栽后 3~4 年可结果,8~10 年可获得较高的产量。乔干稀植栽培,其栽植密度可采用株行距 5m×6m、6m×7m、7m×8m、8m×9m 等,枝下高一般为 2m。因稀植初期可以间作,不影响前期效益,且木材也可以利用,因此乔干稀植也是一种较好的栽培形式。

造林密度或初植密度是指单位面积造林地上栽植的株数。密度是形成群体结构的最主要因素之一。密度不同的林分,首先表现在对林分树冠发育的巨大影响。不同密度的林分中林木的根系生长有很大差异,根系对林木地上部分的生长有着密切的关系,强大的根系是地上部分生长良好所必需的,若根系生长受到干扰,则会损害地上部分的生长,同样地上部分的生长也会影响根系的生长。因此,充分了解由各种密度所形成的群体以及组成该群体的个体之间的作用规律,从而在整个林分生长发育过程中能够通过人为措施,使之始终形成一个合理的群体结构。这种群体结构既能使各个林木有充分发育条件,又能最大限度利用空间,使整个林分获得最高产量,从而达到早实、丰产、优质的目的。

(二)以叶为主的元宝枫栽培

元宝枫叶中富含黄酮、绿原酸、强心甙等生物活性成分,同时还含有 SOD(超氧化物歧化酶)、维生素 E、儿茶素、硒等抗氧化、抗衰老成分及人体必需的 8 种氨基酸等,具有较高的开发利用价值。

以叶为主的元宝枫栽培,其中心目的是产叶多且质量好。目前,我国以叶为主的元宝枫栽培极少见,现有的元宝枫树木基本上都是以绿化观赏或生产种子为主要目的。为保证树体健壮发育及种子高产稳产,这些树一般不允许采摘叶片,而且用这些高冠树木采摘叶片,操作也较困难。鉴于这种情况,营建专门生产叶片的采叶园将成为必然。

元宝枫叶片按其嫩叶颜色不同可划分为两种类型:一类是从芽的鳞片到新萌生的嫩叶及叶柄均为嫩绿色,称为绿叶型;另一类则是从芽的鳞片到新萌生的嫩叶及叶柄均为嫩红色,称为红叶型。红叶型占的比例远高于绿叶型,通常可占到实生苗总株数的95%以上。这两种类型的嫩叶随着叶片的长大而渐变为深绿色,到秋天经霜打后又转为深红色。对于这两个类型,在营建以加工茶叶为主要目的采叶园时,应分别栽植。不同的类型可加工成不同的茶叶。至于两种类型的有效成分含量是否有差异,还有待于进一步研究。

元宝枫采叶园的栽培方式和栽培密度因栽培目的的不同而有差异,既可以是单纯的采叶园,也可以是间作式采叶园;可以是单行式的,也可以是双行式的;可以是稀植的,也可以是密植的,等等。有以下几种栽植形式可供参考。

1. 茶园式叶用元宝枫栽植园

这种栽培借鉴茶园栽培方式,以生产元宝枫叶为主。按照树体被修剪的形状又分为球形栽培和宽窄行带状栽培。球形栽培,行距2~3m,穴距2m,每穴栽植4~6株成丛状,留主干0.5~0.7m,萌条后逐步剪成球形。宽窄行带状栽培,株行距为(0.5~1.0)m×0.5m,两行构成一组林带,带内三角定植。间隔2~3m,再营建与之相平行的另一组同样的林带(图9-1)。栽植后留主干0.5~0.8m。在生长期内,采叶时期不受季节限制,可根据需要连续采摘嫩叶,用以生产元宝枫茶叶及元宝枫液体饮料等。落叶还可提取有效成分,满足医药生产需要。

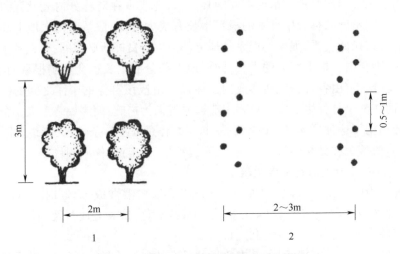

图9-1　茶园式叶用元宝枫栽植园示意图

1. 球形栽培　2. 宽窄行带状栽培

为了保证球形或带状元宝枫栽植园的旺盛生长,提高产叶量,每年应于春季芽萌动前重剪一次。该栽培形式具有经营周期短,原料供应方便、及时,便于采摘等特点。元宝枫栽植园应高度集约经营,并和加工相配套,这样才能取得更好的效益。

2. 高密度叶用元宝枫栽植园

高密度叶用元宝枫栽植园,其栽植密度较密,栽植方式有单行式和宽窄行式,有以下几种规格可供参考。单行式株行距:0.6m×0.6m、0.5m×0.8m 或0.5m×1.0m。宽窄行式:两行一带,带距1m,带内行距0.5m,株距0.5m。元宝枫栽植后,根据其萌芽力强的特性,可在定植后第 2 年春芽未萌动时,从地上20~30cm 处截干。截干后,加强肥水管理,促使芽萌发抽枝,每株选留 3 个长势强的萌条形成平头型或圆头型树冠。每年冬季可短截萌条,截干部位离萌条基部 10~15cm。同时疏除过密枝、细弱枝。凡长枝均应于夏季摘心(6 月),以促发新梢,调整树冠。这种栽培方式经营的周期短,早期产叶量高。但要求集约化水平较高,适宜在土质疏松、肥沃,有灌溉条件的平原区或平地应用。

(三)元宝枫园林绿化及庭院栽培

1. 风景园林栽培

元宝枫是一个风景园林观赏树种,自古以来即在名山胜地、旅游景点、公园、机关单位等广为栽培。由于其树体高大,叶形秀丽,秋天叶色优美宜人,病虫少,而得到人们的赞许。

作为风景园林栽植的元宝枫,在栽培形式上多为单株或小片状丛林,所用的苗木多为实生大苗,这些大苗在起苗时,应尽量保持根系的完整,要多保留一些毛细根,有利于大苗的成活。栽植后要加强肥水及修剪管理,放任苗木高度生长,使其快速长成高大乔木,发挥其园林绿化作用。4 年生以上的幼树最好实行带土移栽。

2. 行道树栽培

元宝枫作为行道树,有以下 6 个突出的优点:①树冠高大,枝密荫浓,叶形秀美,有观赏价值;②有改善小气候环境的作用;③萌蘖性强,极耐修剪,可以随意调整树形;④对气候和土壤适应性强;⑤极少有病虫害;⑥元宝枫有较强的抗烟尘能力。

元宝枫行道树一般以单行形式栽植于路的两边,株距 5~6m,枝下高一般为2~2.5m。

3. 庭院栽培

庭院元宝枫是农户利用房前屋后的空隙地及小面积荒地,来进行元宝枫经营的一种方式。它面积小,经营管理方便,可起到美化农村庭院,增加农户收入的作用。当前,随着农村经济体制改革的深入和发展,庭院经济已成为农村经济的重要组成部分。

庭院元宝枫栽培是一种以产种子和绿化观赏为主,种子、木材兼用的经营方式。在元宝枫苗木栽植时,可根据庭院的大小及布局,将苗木栽植成行状,株行距可采用 3m×(3~4)m,也可将苗木栽植成散生状,株距 4~5m 不等。栽植用的苗木,最好能选择苗高在 1.8m 以上的嫁接苗或平茬苗。栽植穴 80cm 见方,每穴施入 15~20kg 农家肥,栽后浇透水,并采取人工绑缚等保护措施,防止牲畜破坏苗干。栽植 1 年后可留主干,留干高度 1.6~1.8m。以后可按照元宝枫大苗的管理办法,进行土、肥、水管理。

4. 农田防护林

当前,优质高产高效生态林业已成为我国林业发展的新趋势。农用防护林在保护耕地、改善农田小气候、稳定和提高农作物产量、维护生态平衡等方面发挥着越来越重要的作用。近半个世纪以来,农田防护林多以杨树为主,杨树的优点虽然很多,但缺点也十分突出,其中最大的缺点是病虫害严重。针对这种情况,防护林树种应增加一些适宜的针叶和经济林树种,这样可以防止杨树病虫害蔓延,还可以起到树冠高低相配、长短效益结合的目的。元宝枫是一种开发利用价值较高的经济林树种,又具有许多优良特性,因此在适宜元宝枫生长的地区,可选择元宝枫作为农田防护林树种,既能发挥防护效果,又可果、材兼收。

元宝枫防护林带的主林带可采取双行栽植,三角形定植。株行距可用3m×5m或4m×5m。农田防护林网则多用单行栽植,株距6～8m。另外,元宝枫也可以组成大型的防护林带,主林带元宝枫可栽植4行,行距为3～4m,株距为2.5～3m,副林带元宝枫2行,根据各地栽培树种特点,两侧可配置矮干或灌丛型树种,并尽量保留下部枝条。

5. 荒山造林

元宝枫耐旱、耐瘠薄,是一种很好的荒山绿化和水土保持树种。利用荒山营造元宝枫生态经济林,既不与农田争地,又能发挥元宝枫的生态、经济、社会效益,是今后元宝枫发展的一个重要方向。

荒山造林地可因其上的植被不同可划分为草坡、灌丛、撂荒地、石质山地等。荒山草坡因植物种类及其总盖度不同而有很大差异。消灭杂草,尤其是消灭根茎性杂草(以禾本科杂草为代表)及根蘖性杂草(以菊科杂草为代表),是在荒草坡上造林的重要问题。荒草植被一般不妨碍种植点的配置,因而可以均匀配置造林。当造林地上灌木的覆盖度占总盖度的50%以上时即为灌木坡。灌木坡的立地条件一般比草坡好,但也因灌木种类及其总盖度而异。灌木对幼树的竞争作用也很强,高大茂密的灌丛的遮光及根系竞争作用更为突出,需要进行较大规模的整地。撂荒地是指停止农业利用一定时期的土地,一般土壤较为瘠薄,植被稀少,有水土流失现象,与荒山荒地的性质接近。

1993年以来,在中德合作陕西西部造林工程中,宝鸡市林业局将元宝枫作为抗旱造林的主要树种,在项目施工区的宝鸡、千阳、陇县、麟游等县广泛栽植,取得良好效果。1995年对宝鸡县八里庄林场1993年在不同立地类型上营造的元宝枫林的生长调查(表9-1)表明,在4个不同立地条件下,树木都能正常生长,在向阳坡灌丛地,生境比较恶劣的环境下,元宝枫与和它同年栽植的油松裸根苗相比,生长要好得多。另外,从调查的4个立地类型来看,在阴向梯地、土层较厚、土壤湿度相对较大的条件下,生长最好,尤其是新梢生长量表现最为明显。

表 9-1　不同立地类型元宝枫生长量调查

立地类型	调查			造林		生长状况					
	标准地	株树	密度	树龄	平均冠幅	树高（m）		胸径（m）		新梢长度（cm）	
	（个）	（株）	（m）	（年）	（m）	平均	最高	平均	最高	平均	最高
阳向侵蚀沟荒坡	3	22	2×3	4	1.62×1.52	1.95	2.56	3.02	3.60	48.7	70.0
阳坡灌丛地	3	18	2×1.5	4	1.15×1.07	1.61	2.20	2.37	2.88	36.0	46.4
阴向梯坡	4	27	2×3	4	1.60×1.58	2.26	2.95	3.07	3.87	55.3	99.0
开阔平缓沟底	8	34	3×4	4	1.58×1.38	1.87	2.58	3.20	3.95	43.4	60.0

经对 1994~1995 年宝鸡、陇县北部山区春季造林调查,结果表明,元宝枫荒山造林成活率明显高于其他树种,尤其在 1995 年陇县遭受百年不遇的大旱之年,元宝枫表现出很强的抗旱能力,荒山造林成活率名列第一(表 9-2)。

表 9-2　元宝枫与其他几个树种造林成活率比较

造林时间 （年/月/日）	元宝枫 （%）	刺槐 （%）	核桃 （%）	油松 （%）	侧柏 （%）	山杏 （%）	板栗 （%）
1994/04/05	88.2	82.3	41.7	84.0	73.3	20.7	78.0
1995/04/05	34.6	27.2	13.4	29.4	18.0	5.9	21.5

1994 年在陇县麻家台乡,选择不同苗龄元宝枫造林,并对 4 年生幼树采取截干措施。结果表明,在同一立地条件下,采用 1 年生小苗造林,不论成活率还是当年生长量,都高于多年生幼树。对幼树采取截干措施,能显著提高造林成活率(表 9-3)。

表 9-3　不同苗龄及处理措施造林成效对比

苗龄 （年）	调查株数 （株）	成活率 （%）	平均抽新梢长 （cm）	平均枝长 （cm）	平均发枝量 （个）
1	85	80.5	13.7	9.0	12
2	68	65.7	12.2	8.0	13
3	53	20.9	10.8	4.0	8
4	80	43.1	30.0	23.6	9

从上述中德合作陕西西部造林工程中,元宝枫荒山造林实践可以说明:元宝枫侧根发达并含有 VA 菌根和外生菌根,耐干旱气候条件,在低山较干燥的阳坡或沙丘等恶劣生境上也能生长。在阴湿山谷立地条件较好的地方,生长更好。

降水量正常的年份,元宝枫造林宜选用 2 年生苗,不要截干。在土壤含水率较低时,宜选用 1 年生生长健壮、根系发达的小苗造林,或者 2 年生大苗截干,以减少蒸腾,提高成活率。

元宝枫侧枝多,干形差,栽植不宜过稀。株行距宜采用 2m×3m 或 2m×1.5m。为了防止天牛危害,在旱区大面积造林可与油松、沙棘、侧柏、山杏、沙冬青、柽柳、樟子松等树种混交。

元宝枫是近年开发的重要木本油料树种,集药用、保健、用材于一体,有很大的发展潜力,尤其在干旱地区,是取代刺槐的理想树种。在我国北方干旱地区栽植发展元宝枫,不仅能绿化荒山,而且对改变树种生态结构有重要意义。

第二节　栽植时间

元宝枫和其他落叶树一样,可在秋末冬初和春季栽植,具体时间应根据各地区气候条件和土壤水分状况而定。

黄河中下游一带一些较温暖地区,冬、春季均可栽植。在有灌溉条件的地块或土壤墒情较好的年份,最好能在秋末造林,栽植时间在霜降过后至土壤封冻前,10 月下旬至 11 月,由于这段时间较短,有时易受寒流影响提前封冻,因此栽植工作应抓紧;在无灌溉条件而土壤又干燥的地区,在春季土壤解冻后至树芽萌动前进行栽植。

在北方冬季寒冷、干燥甚至多风的地区,不具备秋末造林的条件,宜在春季造林。栽植时间在土壤解冻后进行,栽植截止时间在芽萌动时,一般年份和地区在 3~4 月。

第三节　栽植方法

栽前应先挖好 80~100cm 见方的定植穴或深宽为 80~100cm 的定植沟,回填部分表土,然后将充分腐熟的厩肥或土杂肥与表土拌均匀后填入沟、穴内,再填入 10~20cm 的好土,使根系不直接接触肥料,以免烧根。回填定植沟、穴时应尽量抓住阴雨天气和土壤表层湿润的时候进行,不要将表层干土过多地回填到沟、穴内,以免影响栽植成活率。栽植时,先将苗木过长的根系剪去一部分,剪平断伤根,以利愈合发侧根。然后将苗木放在栽植沟或栽植穴的中间,使根系舒展并均匀分布于四周,同时使苗干纵横行对直。用表土盖在根系附近,在填土的同时,用手轻提苗木,并分层踏实,使根土密接。苗木入土深度,一般和圃地相当,或比原土印深 1~2cm,不可过深。栽植后应浇一次透水,再覆盖上一层松土,并扶正苗干。

在旱地栽植,可采取随挖沟、穴,随栽植的办法,在土壤墒情较好的时候进行栽植。栽植后在苗干四周做一直径为 40～50cm 的蓄水埂,尽可能用人工担水浇灌。

在多风干旱地区,可采用深挖浅埋法(穴底植苗法),即把苗木深栽 15～20cm,栽植后,定植穴内表土距地面有 15～20cm 的距离。这样既不影响幼树生长,又有利于蓄积雨雪,穴壁遮阴挡风还能减少穴内土壤水分的蒸发。如同时能在距穴沿 15cm 左右的西北面,修挡风埂,则可显著提高幼树生长量,减少抽条时受害。

在荒山地区造林,事先应根据山地坡度大小把地整好。整地以造林前半年为好,最少要提前一个季度,一般伏天整地秋季栽,秋季整地来年栽。山地坡度在 25℃ 以上,要求修筑反坡梯田或水平沟。反坡梯田内低外高,易拦蓄雨水,避免冲刷,便于作业;35℃ 以上可开挖撩壕;地形支离破碎、坡度过陡的沟坡上,可修筑鱼鳞坑,按三角形布置,挖成半圆形的土坑,下沿修筑半圆形土埂。苗木栽植后,最好能进行截干,这样可提高苗木的成活率。

第四节　栽后管理

苗木栽植后,根系需要一段恢复时间。北方地区春季降水少,气候干燥,蒸发量大,因此灌水和松土保墒是栽后的主要管理任务。水源充足的地方,只要干旱无雨,应每月灌水 1～2 次,直到雨季来临,旱情解除为止;没有灌溉条件的地方,应担水浇苗,保证苗木成活和生长。还应注意松土、除草。待元宝枫发芽展叶后,进行追肥,保证元宝枫树健壮生长。

栽植后的第二年春季,对个别死亡的苗木,视具体情况进行补植,补植后要及时浇水。

第十章　元宝枫栽培管理

第一节　元宝枫土、肥、水管理

元宝枫为落叶高大乔木。长期以来,人们对元宝枫管理缺乏重视,许多地方只种不管,致使元宝枫树木长势衰弱,种子产量降低,大小年十分明显。为了改善元宝枫生长状况及提高种子产量,应加强土肥水的管理。

一、土壤管理

目前,我国元宝枫多栽植于山地、丘陵和平原地区。其中,山地、丘陵栽植的株数约占总株数的80%以上,这些地区一般土层较薄,肥力较差,幼树生产往往不良,个别地方甚至会逐渐形成"小老树"现象。因此,必须深翻改土,中耕除草,增施有机肥,从根本上改良土壤结构和养分状况。

(一)深翻改土

元宝枫除栽植时宜挖定植穴或定植壕沟外,还应从定植后的第二年开始,每年进行一次深翻扩穴(沟)改土工作。深翻能熟化土壤,改善土壤通透性,加速土壤有机质的腐熟与分解,促进根系生长发育。

1. 深翻时间和深度

一年中除雨季、高温干旱及寒冬不宜进行扩穴(沟)改土外,其余时间均可进行,但以秋季9~10月深翻较好。此时深翻后断根恢复较快,生新根早,有利于树体养分贮存和安全越冬。

深翻深度应根据土壤土质情况而定。在土质黏重、坚实,石砾较多或纯为石质的地区,深翻深度80~100cm;在土质比较疏松、土壤肥沃的地块,深度50~70cm。深翻过程中要尽量注意不要伤及根系。

2. 深翻方法

为了使元宝枫幼树根系能正常扩展生长,在幼树定植第二年以后,要进行扩穴深翻改土工作。即逐年从定植穴(沟)向外挖环状深沟或平行深沟,直至挖通株行间所有隔墙,把根系由定植穴或定植沟内引向株、行间。一般2~3年内完成深翻扩穴工作。

深翻过程中,应结合深翻增施有机肥,以利于改土和促进根系生长。如只深翻,不施有机肥,则影响改土和促根效果。有灌溉条件的地块,深翻后应及时浇水,浇透全部深翻土层,特别是北方春季干旱地区尤为重要。

(二)松土除草

松土除草是一项简单易行且又有效的土壤管理办法。春季松土能提高土壤温度,以利于根系提早活动;夏、秋干旱季节松土,切断了土壤毛细管,能有效降低水分蒸发,同时改善了土壤的通气性、透水性和保水性,促进了微生物的活动,加速有机质的分解和转化,从而提高土壤的营养水平和元宝枫的抗旱能力。除草的目的一方面能减轻杂草与元宝枫树争夺养分,另一方面能清除病虫潜伏场所,减轻病虫为害,再者夏、秋高温干旱季节除草覆盖,还可保持土壤湿度。松土除草一般同时进行,根据具体情况,每年可进行 2~5 次松土除草,松土深度 3~5cm。

二、合理施肥

关于元宝枫树木的施肥问题,目前生产中仍处于较低的水平,施肥种类和施肥量均未达到按需施肥和合理施肥的要求。为了提高元宝枫树木的整体生产水平,应加强施肥方面的管理工作。

(一)施肥时期和施肥量

元宝枫施肥时期应以各次施肥的目的和肥料的种类为依据,要适时施肥,这样可以提高肥效。

元宝枫幼龄期施肥的主要目的是促进树体快速生长,迅速扩大树冠,为早期丰产打下良好的基础。幼树的特点是树冠小,根系分布范围小而浅,根量少,吸肥能力不强,故肥料宜采取薄肥勤施的办法,即施肥次数要多,每次用量要少。一般于每年 4 月下旬至 8 月上旬追施肥料 2~3 次,以速效氮肥为主,辅以磷、钾肥,或每月浇施 1 次稀薄人粪尿。在 9~10 月底,结合深翻改土施 1 次有机肥为主的冬肥,施肥量为每株 5~15kg,加饼肥 0.3~1.0kg 或施人粪尿 5.0~7.5kg。

成年结果树施肥的目的是解决元宝枫各部分器官对营养物质竞争的矛盾。提高花芽质量和种子饱满度,同时促进每年抽生一定量的营养枝,增强树势,保证种子连年丰产稳产。

元宝枫成年结果树的施肥,一般每年分休眠期的基肥与生长期的数次土壤追肥,还可根据需要进行根外追肥。

1. 基　肥

每年秋季叶子变红或变黄前施肥效果较好。此时根系还处在生长状态,仍能继续吸收养分。施肥后可以提高树叶光合效能和养分积累,提高树体营养贮藏水平,恢复树势,为翌年的抽枝、开花、展叶等提供充足的营养。基肥以早施为好,若秋季来不及施,可适当推迟,但最迟不宜超过翌年 2 月底。基肥以农家肥、人粪尿、饼肥为主,也可增施复合肥、过磷酸钙、磷酸二铵等。施肥数量因苗木树龄不同而有差异。幼龄期每株可施农家肥 2.5~15kg,加饼肥 0.2~1.0kg;成年结果树每株可施农家肥 15~20kg,加饼肥 1.0~1.5kg。不同地区还可以根据本地区土壤养分状况,补施一些土壤缺乏的微量元素肥料。

2. 土壤追肥

生长季节对元宝枫追施速效肥,可以补充基肥的不足,满足苗木生长发育对养分的需要,促进枝叶生长和种子发育。

一般一年中施 2~3 次追肥。3 月中旬、5 月上旬各施一次追肥,以氮肥为主,目的在于促进发芽、开花坐果及种实膨大。一般每次株施尿素 0.1~0.5kg。幼树期间施肥量可减少至 0.1~0.2kg,结果后施肥量应逐年增加。7 月上旬和 8 月上旬可再追施 2~3 次肥料,以氮、钾肥为主,目的在于促使种仁膨大,枝梢充实。一般每次株施尿素 0.1~0.5kg,钾肥 0.1~0.3kg。多年生大树可减少追肥次数,一年追一次,每株 0.5~1.0kg,离主干 1.5~2.0m 以外,树冠投影以内,采用多点追肥。

3. 根外追肥

根外追肥是不通过根系而通过叶片追肥的一种施肥方法。它具有吸收快、用量少、利用率高等特点,可作为生长期内的辅助施肥措施,增加和平衡树体营养。

在生长期内可以进行多次根外追肥,6 月以前,用 0.3%~0.5%的尿素液喷施叶面,7 月再加入 0.2%~0.3%的磷酸二氢钾水溶液喷施叶面,每隔半个月左右喷施 1 次。其他肥料施用方法可参考产品说明书。

叶面喷肥时间一般在 10:00 以前和 16:00 以后,避免高温引起药害,雨天也不宜喷施。一般喷后 2~3h 便可被叶片吸收。

(二)施肥方法

基肥于秋冬季结合深翻土壤时施入;生长季节的土壤追肥宜湿施,切忌干施,以免产生肥害而影响树势。可将化肥兑水后浇施于树冠下,或采取沟、穴施肥后,立即灌水的办法。

三、适时灌溉

水是元宝枫生长发育所必需的。在生长旺季,元宝枫嫩叶中的水分含量一般为 60%~80%,翅果水分含量在 9 月以前为 50%~75%。除此之外,元宝枫的枝干、根系等器官均含有一定量的水分,所以水是元宝枫树体的重要组成成分,合理供水是元宝枫丰产栽培的保证。

1. 灌 水

元宝枫根系深广,抗旱能力较强。但如果在生长季节持续高温干旱,则种子饱满度下降,产量会降低。因此,在夏季干旱季节,宜根据旱情提早灌水,灌水量要充足。并注意松土,减少蒸发。在生长季节,可结合追肥及时灌水。秋末在北方地区应浇一次封冻水。灌溉的方法有穴灌、沟灌,为了节约用水,还可以采用喷灌、滴灌等先进灌溉技术。

2. 排　水

元宝枫根系不耐水涝。因此,对于栽植于平原地区或地下水位较高地区的元宝枫,在连阴雨季节,应疏通沟渠,注意排水,以免根系长期受涝缺氧而死亡。

第二节　元宝枫整形修剪

我国现有的元宝枫基本上处于低水平的粗放管理状态,在元宝枫栽培中,很少整形修剪,多任树木自由生长,致使元宝枫树体枝条紊乱,层次不清,结果部位外移,种子产量低而不稳。因此,为了实现元宝枫优质、丰产、稳产,除了要加强土、肥、水管理外,还应认真做好整形修剪工作。

元宝枫整形修剪的目的和其他果树一样,是为了调节树体与环境的关系,提高光能利用率,调节营养生长和生殖生长的关系,调节树体的营养状态。通过整形修剪,培养合理的树体结构,可以使元宝枫提早结实,提高种子产量,减小"大小年"差异,延长经济结实寿命。同时,可以改善树体通风透光条件,促进树势健壮,枝条充实,减少虫害,提高种子质量。

一、修剪时间

元宝枫修剪一般可分为冬季修剪和夏季修剪。冬季修剪是指从秋末落叶起至翌春发芽前所进行的修剪,由于这时树木处于休眠期,故又称休眠期修剪。但在严寒而干燥的北方,若在寒冬以前进行修剪,会造成许多伤口,易引起冻害和生理干旱,所以修剪时间以严寒过后的早春为宜。

夏季修剪是指春天发芽后至秋季落叶前所进行的修剪,这时的修剪是在生长期进行的,所以又叫生长期修剪。

二、修剪方法

(一)冬季修剪方法

1. 短　截

短截又叫短剪,就是剪去一年生枝条的1/3,还保留一定长度。短截后减少了芽的数量,留下的芽能得到较多的营养而加强了生长能力,随着不同程度的短剪,会抽出不同质量的分枝,起到了调整树体结构和平衡营养的目的。该方法主要在元宝枫幼树、矮干培育、采叶林培育、树势复壮等方面应用。成年大树由于树体高大,操作不便,而且多为短枝,所以较少应用。

2. 疏 枝

疏枝又叫疏剪或疏删,就是把1年生枝或多年生枝从基部剪除。疏枝可以起到使树体养分集中、枝条分布均匀、疏密适宜、通风透光等作用。

元宝枫是一种萌芽力和抽枝力较强的树种。正常情况下,元宝枫幼树萌芽成枝率在90%以上。这些萌发的枝条如任其自然生长,会造成枝叶过于密集,通风透光不良。如果内腔枝长期得不到光线,则会逐渐枯死。树体结果部位外移,种子产量降低。另外,元宝枫顶芽受损或定干后,下部的芽往往一起萌发,形成多个枝条并肩向上生长的现象,有时多个枝条密集在一起,还会形成"卡脖子"现象,影响了树木生长。为了改善树木通风透光条件,可根据经营目的,适当疏除一些过密枝、竞争枝、重叠枝、轮生枝、细弱枝、病虫枝和干枯枝等,使留下的枝条能旺盛生长。

3. 回 缩

回缩是在多年生枝的适当部位短截,群众把这种方法形象的叫做"打回去"。回缩多用在枝条更新复壮和结果部位恢复生长时。回缩除去的主要是衰老的骨干枝和光秃枝,一般修剪量较重。通过回缩可以刺激基部休眠芽萌发抽枝,促使衰弱枝恢复生长势,重新开花结实。

(二)夏季修剪的主要方法

1. 抹芽与除萌

元宝枫具有较强的萌芽特性。平茬或枝干短截后,会从剪口以下萌发出多个萌芽,为了节约养分和整形上的要求,需抹掉多余的萌芽,使剩下的枝条能正常生长。此外,在平茬后,保留的单个萌条在生长过程中,其中腋内的腋芽会大量萌发,并抽出嫩条,如果任其生长,则会侧生出许多分枝,消耗大量养分和水分,影响主干生长。因此,对叶腋萌条也应及时除去。此项工作进行的越早,作用越大,效果越好。

2. 摘 心

在新梢尚未木质化时,摘去顶端幼嫩部分叫做摘心。当新梢摘去生长点后,抑制了本身的生长,所以对一些由于顶芽受损而造成的双头或多头苗,可采用摘心的办法,抑制某些枝条生长。摘心抑制新梢生长的现象是暂时的,摘心后10~15天,在近摘心处的2~4个腋芽往往受刺激而发生副梢,所以必须进行2~3次摘心。

3. 拿枝和拉枝

拿枝就是用手握住枝条,从基部向顶端分段向下弯曲,能听到枝条内部木质部破裂声,但不折断枝条,即群众所说的"伤骨(木质部)不伤皮",破坏枝条内的输导组织。拉枝是采用拉的办法,使枝条或大枝组改变原来的方向和位置或开张骨干枝角度。不论拿枝、拉枝，如一次达不到目的时，可继续进行数次，直到达到目的为止。通过拿枝和拉枝，可以改变枝条生长方向，缓和生长势，有利于形成花芽和开花结果。

三、丰产树形

元宝枫树形是根据其自然生长特性与人工栽培需要而决定的。在生产中，以结果为主的矮干、中干元宝枫可采用自然开心形；以果材两用的高干元宝枫则大多采用疏散分层形。

（一）自然开心形

自然开心形属于无中心领导主干的一种树形。矮干干高一般为 60~80cm，中干干高一般为 80~120cm。该树形有主枝 3~4 个，一般为 3 个，均匀着生于树干上，在每个主枝上选留斜生侧枝 2~4 个。整个树冠呈自然开心形。

本树形的特点：①无领导干，内部敞开，通风透光好；②树冠较低，管理方便；③单株产量虽低，但密植后，亩产较高。

（二）疏散分层形

该树形具有明显的中央领导干，全树有主枝 5~7 个，分 3~4 层均衡着生在主干上。第一层 3 个主枝，称为基部三大主枝，其平面夹角为 120°，这样可以较快占据空间，而不发生拥挤现象，层内间距即同一层中最下面的一个主枝到最上面一个主枝之间的距离为 20~40cm；第二层 1~2 个主支，一般为 2 个，在第一层的上方插空排列，切勿重叠，层内间距为 10~15cm；三层以上，每层一个主枝成螺旋式上长，以免上下重叠。

层间距离原则上是下大上小，第一层到第二层的层间距为 1.3~1.5m，第二层到第三层为 1.0~1.0m，往上可适当减小。

本树形的特点：①上下层次分明，枝条排列均匀，符合元宝枫成层特性，修剪量小；②具有中心主干，能充分利用上部空间结果，单株产量高；③分层着生，有利于通风透光；④骨架坚固，树势强健，寿命较长，负荷量大。

应该强调的是，元宝枫整形修剪必须因地制宜，因势整形，不能强求一律。为了培养丰产树形，必须在幼树时期就注意整形修剪，正确选留骨干枝，处理好各级枝条的从属关系，避免在长成大树后再大拉大砍，影响树势。特别是对于原来放任生长的植株，更不能机械地造型。而要在全面掌握元宝枫生物学特性的基础上，从全树整体考虑去留枝条，做到因树修剪，随枝造型。

第三节　元宝枫主要病虫害防治

元宝枫具有较强的抗病虫能力，在成年大树上很少见到有病虫危害，但在元宝枫苗圃及幼树上时而有虫害发生,有时甚至还较严重,影响了苗木的正常生长。

一、元宝枫主要病害防治

(一)白粉病

元宝枫白粉病自幼苗到抽穗均可发病,多发生在叶、嫩茎等部位。

1. 危害症状

病斑圆形白色,周边为放射状。严重时,小病斑合成边缘不清晰的大片白色粉斑,擦去白色粉层,可见到黄色斑。

2. 防治方法

(1)加强管理:育苗和绿化栽植不宜过密,改善通风透光条件;不要过量使用氮肥,增施磷、钾肥。营造不利病害侵染的条件,提高植株抗病抗虫能力。

(2)化学防治:于发病初期,交替喷施 25% 粉锈宁 1300 倍液、70% 甲基托布津 700 倍液、50% 退菌特可湿性粉剂 800 倍液,或向病株上喷 0.2~0.3 石硫合剂或 1∶2∶200 倍波尔多液(硫酸铜∶生石灰∶水)1~2 次。

图 10-1　元宝枫白粉病

二、元宝枫主要虫害防治

在大力发展元宝枫的同时,还应采取有效的办法来防治害虫危害。现将已发现的几种主要害虫分述如下:

(一)黄刺蛾

黄刺蛾又叫洋辣子、刺毛虫,属鳞翅目刺蛾科,是元宝枫栽培地区最常见的害虫。

1. 危害情况

黄刺蛾主要以幼虫危害叶片。初龄幼虫群聚叶背,取食叶片下表皮及叶肉,稍大后则分散为害,取食全叶,将叶片咬食成不规则缺刻,严重时将幼苗叶片吃光,仅残留叶柄和叶脉。幼虫触及人体,引起皮肤红肿和灼热剧痛。

2. 形态特征

成虫体长 15mm 左右,橙黄色,前翅内半部黄色,外半部褐色,有两条深褐色斜纹在翅尖会合;卵扁平,椭圆形,长 1.4mm,一端渐尖,淡黄色;初龄幼虫黄色,老熟幼虫体长 18~25mm,体背上有一个哑铃形褐色大斑,头黄褐色,常收缩在前胸之下,体色为黄绿色,体两侧有 9 对刺突,刺突上有毒毛。腹足退化,但具有吸盘;茧呈椭圆形,长 11~14mm,灰白色,质地坚硬,具黑褐色纵条纹,形似雀蛋。黄刺蛾的虫、茧如图 10-2。

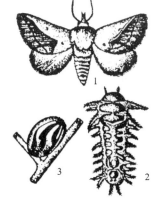

图 10-2　黄刺蛾
1. 成虫　2. 幼虫　3. 虫茧

3. 生活习性

陕西关中地区 1 年发生 1 代,以老熟幼虫在树枝上结茧越冬,翌年 5~6 月化蛹,成虫于 6 月出现;成虫羽化多在傍晚,白天静伏于树冠或杂草丛中,夜晚活动,有趋光性。成虫多夜晚交尾,翌日产卵,卵散产或数粒集产在一起,幼虫 6~7 月为害叶片,自 7 月中旬开始,老熟幼虫陆续在小枝上或树枝分叉处结茧。

4. 防治方法

(1)消除越冬虫茧。黄刺蛾越冬茧期历时较长,可在冬季或早春摘除树上虫茧,并消毁,以降低翌年虫口密度。

(2)摘除虫叶。黄刺蛾初龄幼虫多群聚为害,为害后,叶片变为白膜状,易于辨认,要及时摘除虫叶并消灭幼虫。

(3)灯光诱杀。黄刺蛾成虫具有趋光性,在成虫羽化期,每晚 19:00~21:00 时,可设置黑光灯诱杀,效果明显。

(4)药剂防治。黄刺蛾幼虫对药剂抵抗力弱,在幼虫发生期可喷施 50%辛硫磷 800 倍液,或 90%敌百虫(美曲膦酯)500~1000 倍,或 20%杀灭菊酯乳油 3000~4000 倍液,均可收到较好效果。

(5)生物防治。用 0.3 亿个/mL 的苏云金杆菌防治幼虫,或释放赤眼蜂来控制黄刺蛾危害。

(二)天 牛

天牛属鞘翅目天牛科。危害元宝枫的天牛主要为光肩星天牛和黄斑星天牛,为蛀干害虫。

1. 危害情况

成虫啃食叶柄、枝干嫩皮;幼虫在树皮下和木质部内为害,将树干内部蛀成不规则的坑道,严重地阻碍养分和水分的输送,影响树木的正常生长,使树干干枯,甚至全株死亡。

2. 成虫形态特征

天牛成虫身体为长筒形,触角鞭状或丝状,着生于额的突起上,常超过体长。光肩星天牛体长 20~35m,雄虫略小,体漆黑色有光泽,鞘翅上约有 20 个白色绒毛组成大小不等的斑点。光肩星天牛的虫、卵等如图 10-3。

黄斑星天牛雄虫体长 14~31mm,雌虫体长 24~40mm,体色黑,鞘翅具古铜色光泽,鞘翅上有 15 个以上大小不一的黄色或淡黄色毛斑。

3. 生活习性

(1)光肩星天牛。1 年 1 代,以卵及不同龄期的幼虫在树干内越冬,6 月为化蛹盛期,蛹期 18~31 天。成虫发生期为 5~10 月,6~7 月盛发,寿命 20~40 天,7 月为产卵盛期,孵期 9~15 天。成虫喜在树干枝杈和萌生密集的树干上产卵,刻椭圆形槽,卵单产,每雌虫产卵约 32 粒,产卵后刻槽向四周腐烂呈水渍状,卵

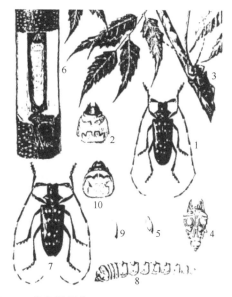

图 10-3　光肩星天牛

1. 成虫　2. 放大幼虫头部　3. 成虫咬食嫩枝皮　4. 蛹　5. 卵　6. 被害状星天牛

7. 成虫　8. 幼虫　9. 卵　10. 放大幼虫头部

10天左右孵化。1~2龄幼虫仅取食腐烂部分和木质部边缘,3龄后蛀入木质部。幼虫蛀食的坑道不规则,呈"S"形或"U"形,常在蛀孔排出虫粪、木屑和树液等。喜为害3~6cm粗的枝条。

（2）黄斑星天牛。在陕西为2年1代。当年以小幼虫和卵、翌年以不同龄期幼虫在树皮下和木质部越冬;成虫在7月中旬开始羽化,7月下旬为盛期;初孵幼虫只在树皮下产卵处取食腐朽的韧皮部及形成层,排出褐色粪便,2龄以后,不断钻向木质部,初为横行,后斜向上方,再穿蛀成纵向坑道,如图10-4。

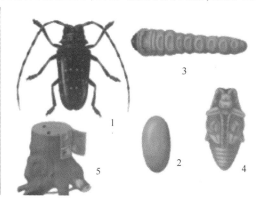

图 10-4　黄斑星天牛

1. 成虫　2. 卵　3. 幼虫　4. 蛹　5. 为害状

4. 防治方法

（1）树干涂白剂。杨凌金山农业科技有限公司采用新一代环保型树干涂白剂"树先生"进行树干涂白防治，"树先生"涂白剂杀虫广泛、不易脱落、不伤害树皮，全面代替"三合一"石灰水的历史。涂白剂能够杀死树皮内的越冬虫卵和蛀干昆虫。由于害虫一般都喜欢黑色、肮脏的地方，不喜欢白色、干净的地方。树干涂上了雪白的涂白剂，土壤里的害虫便不敢沿着树干爬到树上来捣蛋，还可防止树皮被动物咬伤，如图 10-5。

图 10-5　元宝枫基地天牛防治工作

（2）捕捉成虫。在 6~7 月成虫发生盛期，可组织人工捕捉。

（3）锤卵成虫。产卵盛期，检查主干，发现卵槽后可用锤敲击，杀死卵及小幼虫。

（4）塞虫孔。用铁丝将蘸有 2.5% 溴氰菊酯乳油 1000 倍液或 40% 氧化乐果乳油 10 倍液的药棉塞入新排粪的虫孔,也可用毒扦插入孔口,再用黏泥堵住,杀死幼虫。

（5）药杀幼虫。对卵及尚未蛀入木质部的幼虫,可用 50% 杀螟松乳油 150 倍液、40% 乐果 200 倍液喷树干;对已蛀入木质部的幼虫,可用 50% 杀螟腈乳油 500 倍液注射到排粪孔里,杀死幼虫。施药前必须清除排泄孔中的虫粪和木屑,施药后用泥把虫孔封闭。

（6）截干。对天牛危害严重的幼树,可从基部锯断,让伐桩重新萌生枝干,伐下的树体用火烧掉。

（三）尺　蠖

尺蠖属鳞翅目尺蛾科,俗名弓腰虫。

1. 危害情况

尺蠖是危害元宝枫的食叶害虫之一,主要以幼虫为害嫩梢和叶片,严重时可吃光幼苗叶片,影响苗木生长。

2. 幼虫形态特征

幼虫具腹足和臀足各一对,爬行时身体呈"弓"形匍匐前进,故称它为弓腰虫或步曲虫。老熟幼虫体长 40mm 以上。尺蠖的幼虫、成虫等,如图 10-6。

图 10-6　尺　蠖

1. 雌成虫　2. 雄成虫　3. 卵粒放大　4. 叶背上的卵粒　5. 幼虫　6. 蛹　7. 被害状

3. 生活习性

该虫 1 年发生 1 代,以蛹在树干周围的土中越冬,翌年 3 月下旬开始羽化,雌蛾产卵于树皮缝内。5~7 月为幼虫主要危害期,期间幼虫食害大量元宝枫苗木嫩梢,幼虫老熟后,入土化蛹。

4. 防治方法

(1)人工防治。晚秋至早春可结合翻耕土地,把蛹挖出来,集中消灭。

(2)喷药防治。在幼虫发生初期,喷施90%敌百虫1000倍液,或50%杀螟松乳剂1000倍液,或2.5%溴氰菊酯3000倍液,均能起到较好的防治效果。

第十一章　元宝枫高效丰产栽培

目前,元宝枫苗木繁殖主要采用实生繁殖,种子来自天然林分,种苗良莠不齐,导致人工栽培的实生苗一般 5 年左右才开始结果,人工林前期投入高,单位面积产值低下,直接影响着元宝枫资源基地建设快速发展。

为了提高幼龄期单位面积产量和经济效益,借鉴其他经济林林下经济产业发展模式的经验。我国陕西、山东、四川、重庆、山东等省份企业家和元宝枫合作社,探索发展林苗、林花、林药、林疏、木本油料等"间作套种模式"。按照因地制宜、合理布局、突出特色、讲究实效的原则,进行"间作套种"形成"上中下、短中长"立体经营模式,以富民为目标,破解元宝枫人工林前期经济效益低下的难题。

第一节　元宝枫间作套种示范基地

一、木本油料间作套种

杨凌金山农业科技有限责任公司占地 530 余亩,以木本油料良种选育、优质种苗扩繁、高产示范、元宝枫"上乔下灌"立体栽培试验示范为重点,2018 年 9 月中央电视台《科技苑》栏目对其进行采访和报道。元宝枫和油用牡丹二者套种(图 11-1),经济效益高、收益期长、品质优良,按生产油销售计算每亩效益达 25 万元,是实现精准脱贫,推动农村经济发展的重要产业。

图 11-1　元宝枫与油用牡丹间作套种(杨凌金山农业科技有限公司示范基地照片)

二、林下花卉间作套种

1. 杨凌金山农业科技有限公司示范基地

元宝枫林下套种茶花：茶花在秋冬季节盛开，花期较长，一般从10月始花，翌年5月终花，盛花期1~3个月。

元宝枫与茶花套种(图11-2)，上乔下灌，上阳下阴，上热下凉，可谓天作之合，是最科学合理的路径。充分利用了土地空间，提高了土地利用率；并使根系分布更加合理，可以充分利用土壤中各层的养分和水分。

2. 重庆毕麦林业发展有限公司示范基地

利用石柱县、西阳县示范基地进行了林间套种作物探索，元宝枫林下种植百合(图11-3)，目前秀山地膜种植百合上市价是40元/kg，亩产2000kg以上。

图11-2　元宝枫与茶花间作套种(杨凌金山农业科技有限公司示范基地照片)

图11-3　元宝枫与百合间作套种

三、林下果蔬间作套种

1. 扶风县宝枫园林科技有限公司示范基地

2016年以来用西瓜、红薯、魔芋与元宝枫间作套种减少了中耕除草费用(图11-4至图11-6)，提高了单位面积亩产效益。

图 11-4　元宝枫林下套种西瓜

图 11-5　元宝枫林下套种红薯　　　　　**图 11-6　元宝枫林下套种魔芋**

2. 四川枫芋科技股份有限公司示范基地

元宝枫与魔芋间作(图 11-7),获得较好的经济效益:元宝枫成年投产树每亩 42 株,株产籽 10kg,42 株总产 420kg,保底价 40 元/kg,小计 16800 元;魔芋套种 20600 元/亩;枫芋套作总亩收入 37400 元。

图 11-7　元宝枫与魔芋间作套种(四川万众枫芋林业开发有限公司枫芋基地)

3. 山东元宝枫农林科技有限公司示范基地

元宝枫林下套种高钙菜、蔬菜经济效益(图11-8、图11-9)。高钙菜:水浇地亩产 3~4t,产值保守计算 4000 元/亩左右;旱地产值 2000 元/亩左右。蔬菜:亩产值 3000 元左右。

图 11-8　元宝枫与高钙菜间作套种　　　图 11-9　元宝枫与蔬菜间作套种

4. 重庆毕麦林业发展有限公司示范基地

借助国家退耕还林政策元宝枫造林 50000 余亩。林下套种魔芋(图11-10)每亩总投入在 5000 元,亩产 2000kg 以上,按市场价计算,每亩产值在 15000 元。

图 11-10　元宝枫与魔芋间作套种

四、林下药材间作套种

1. 四川金池农业科技有限公司示范基地

2012 年经四川省金堂县发展和改革局批准(图11-11),在金堂龙泉山一带建立 20 万亩元宝枫资源种植基地。

元宝枫与多种药材间作套种,获得较好的经济效益,带动农民致富,如图11-12、图11-13。

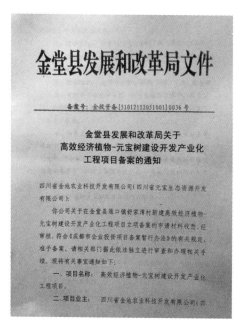

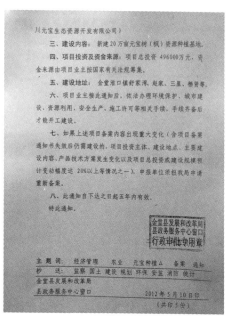

川元宝生态资源开发有限公司)

　　三、建设内容：新建20万亩元宝树(枫)资源种植基地。

　　四、项目投资及资金来源：项目总投资 496000万元，资金来源由项目业主按国家有关法规筹集。

　　五、建设地址：金堂淮口镇舒家湾、赵家、三星、栖贤等。

　　六、项目业主接此通知后，依法办理环境保护、城市建设、资源利用、安全生产、施工许可等相关手续，手续齐备后才能开工建设。

　　七、如果上述项目备案内容出现重大变化(含项目备案通知书失效后仍需建设的，项目投资主体、建设地点、主要建设内容、产品技术方案发生变化以及项目总投资或建设规模预计变动幅度达 20%以上等情况之一)，申报单位须报我局申请重新备案。

　　八、此通知自下达之日起五年内有效。

　　特此通知。

主题词：经济管理　农业　元宝枫种植　备案　通知
抄　送：监察 国土 建设 规划 环保 安监 消防 统计
金堂县发展和改革局
县政务服务中心窗口
2012 年 5 月 10 日印
(共印 5 份)

图 11-11　批准四川金池农业科技有限公司示范基地元宝枫资源开发种植通知

图 11-12　元宝枫与芍药间作套种

序号	中药	效益(万元/亩)
1	芍药	1.8
2	巴戟天	2.6
3	黄荆子	3.1
4	夜交藤	1.6
5	何首乌	1.8
6	柴胡	1.4
7	板兰根	2.4
8	川明参	2.45
9	葛根	1.2

图 11-13　间作药材效益

2. 山东元宝枫农林科技有限公司示范基地

元宝枫林下套种金银花(图 11-14)经济效益高：金银花亩产值 3000 元左右。

图 11-14　元宝枫与金银花间作套种

五、林下苗木间作套种

1. 四川枫芋科技股份有限公司示范基地

元宝枫大树行内播种育苗(图 11-15),充分利用土地资源,且提高单位面积的产量。

图 11-15　元宝枫大树与播种苗间作套种

2. 新奥兰宝枫有限公司东北示范基地

新奥兰宝枫有限公司是一家以生产元宝枫种子、苗木和元宝枫为主的公司。公司拥有 1000 多亩的元宝枫栽培基地,从 2017 年至今采集千年元宝枫古树的种子育苗(图 11-16),并为西北农林科技大学提供科研材料。每年为省内外市场提供优质元宝枫种苗。

图 11-16　元宝枫大树与播种苗间作套种

第二节　元宝枫丰产示范园建设

一、元宝枫丰产示范园建设的必要性

1. 为国分忧,为民造福

据官方报道,我国食用植物油自给率不足 40%,60% 以上依靠进口。每年进口木本植物油(棕榈油、橄榄油)1000 万 t 以上,进口美国大豆 9500 万 t 左右。原中共中央政治局委员、国务院副总理回良玉在全国油茶生产现场会上讲:"我国平均每人每年吃外国进口食用油 12.4 市斤,按家庭来平均(大小人都算上),每个人每月都得吃一市斤外国油",对一个拥有 13 亿人口的大国来说十分危险。

美国前国务卿基辛格曾说:谁控制了石油,谁就控制了所有的国家,谁控制了粮食,谁就控制了全人类,这不仅仅是认识的高度,更是一种战略思维。这种思维对于一个一定要把饭碗端在自己手上的大国来讲,更是必需的。

2. 发展抗旱的木本农业是必然的选择

我国是世界上严重缺水的国家,人均占有水资源居世界第 110 位,我国近60% 的耕地处于干旱半干旱地区,全国 1300 万 hm^2 农田及 1 亿 hm^2 草场受沙化危害。我国 8000 万贫困人口中,有 6000 万人生活在干旱缺水地区,需要发展节水抗旱的元宝枫木本粮油树,发展循环生态农业,走出一条木本粮油创新驱动发展之路。

3. 为美丽中国、健康中国作贡献

元宝枫树冠浓荫,树姿优美,叶形秀丽,果形奇特,春季嫩芽绽红,秋天红叶似火,是著名的风景园林树种,是旅游圣地红叶景观的缔造者。建立元宝枫高产示范园同时也建立了元宝枫风景园林旅游圣地,一举两得,为美丽乡村建设作贡献。元宝枫又是健康食品的新资源,可为社会提供品种多、数量大、质量高的产品,为健康中国作贡献。

二、元宝枫高产示范园建设目标

每亩产量:翅果 1000kg＝2 亩油菜＋2 亩大豆。

每亩产值:为重要草本农作物(小麦、玉米、油菜、大豆)亩产值 5 倍以上。

三、元宝枫高产示范园建设的可行性

1. 国外木本植物油占领中国市场的启示

目前,我国已成为进口马来西亚棕榈油和西班牙橄榄油的世界第一大国,棕榈油已全面占领了国内食品工业市场,如方便面、煎炸食品(土豆片)等,并逐步进入千家万户。棕榈油为马来西亚的支柱产业,占国家 GDP 的 1/3。而马来西亚的国土面积比我国甘肃省还少一点,就能将油棕树发展为世界第一,值得借鉴。

2. 元宝枫寿命长,结实多

元宝枫寿命在 500 年以上,盛果期长,河北省丰宁县窝铺村保存的元宝枫古树龄在 500 年以上,生长健壮,年采果量在 100kg 以上。

我国陕西、北京、重庆、云南、四川、江苏、辽宁等省份有 20 多家元宝枫加工企业生产的元宝枫油,其生产原料均来自内蒙古和辽宁科尔沁沙漠中元宝枫天然林中采集的种子。树龄在 200 年以上的元宝枫天然林,单株采种量多在 100kg 以上。就是这一片沙漠中的元宝枫林培育了中国元宝枫产业的兴起和发展。

人工栽培的初生苗一般 6 年左右开始结果,8 年树龄单株 10kg,15 年树龄产果 15～20kg,20 年树龄产果 30kg 以上。西北农林科技大学校园内栽植的 20 年生行道树,在干旱之年,每株结实量在 30kg 左右。其中,1 株果实产量达 41.5kg。因此,建立规模化优质原料生产基地进行产业化开发,已有良好基础。

四、元宝枫高产示范园投资概算与效益分析

每亩选用 6 年生进入结果期实生幼树 110 株,株行距为 2m×3m 建园。

1. 投资概算

土地承包费:600 元/亩;树苗费:50 元/株×110 株＝5500 元;劳务费:30 工时,30 工时×80 元/人工＝2400 元;水肥费:500 元/(亩·年);合计投入:9000 元/(亩·年)。

2. 效益分析

建园第一年幼树移栽恢复期,可套种大豆,有半亩大豆收益。

第二年为初果期,单株产果 2.5kg/株×110 株 = 275kg。果实售价 30 元/kg,275kg×30 元/kg = 8250 元。

第三年为初果期,单株产果 5kg 以上,5kg/株×110 株 = 550kg。果实售价 30 元/kg,550kg×30 元/kg = 16500 元。

建园第四年进入丰产期,单株产果 10kg 左右,10kg/株×110 株 = 1100kg。果实售价 30 元/kg,1100kg×30 元/kg = 33000 元。

1 亩地产出 1.1t 果实,元宝枫吨果田经济效益分析:

用种仁榨油,机榨平均出油率为 35%。

500kg×35% = 175kg 元宝枫油(相当于 2 亩以上普通油菜的产油量)。进入丰产期,幼树胸径和树冠增大,要隔行移栽,每亩保留 55 株,株行距为 4m×3m,单株产果量为 20kg。

五、推进元宝枫丰产示范基地建设的优势

元宝枫抗旱耐瘠薄、适应性强、寿命长,移栽成活率高,一般均在 90% 以上。

新建园每亩前期投入虽然高一点,但标准化管理省工,回报年限快,3 年初建成效,5 年后收入稳定增加,每亩的产量和产值,大大超过一般的草本粮油作物和果树。近年来,元宝枫种子的市场价格逐年攀升,始终保持在 50~70 元/kg,元宝枫冷榨油市场售价已超过 2000 元/kg。因此,元宝枫每亩产值是普通草本油料作物的 5 倍以上。

元宝枫油的市场竞争优势很强,国内外科学界验证了神经酸对脑健康恢复产生的显著效果,目前,国内外上市的食用植物油,只有元宝枫含有神经酸。从 2006 年以来,美国和日本开始从我国进口元宝枫油,美国食品药品管理局(FDA)于 2017 年 12 月批准元宝枫酸油(*Acer truncatum* Nervonic Acid oil)的销售证书(图 11-17),元宝枫神经酸油已在美国和十多个国家上市。日本研发神经酸纳豆激酶及神经酸认知胶囊,已经使日本消费市场异常火爆。元宝枫油在未来国内外市场有着巨大的需求,大力发展元宝枫高产示范园,将对人类脑健康作出巨大贡献。

元宝枫不仅种子价值很高,元宝枫的全树利用前景更广阔,元宝枫枝、叶、茎、根的食用和药用价值,随着元宝枫产品的深度发展,产业链不断延伸,元宝枫

系列产品元宝枫茶、元宝枫咖啡、元宝枫蛋白食品、元宝枫酱油、元宝枫面、元宝枫抗氧化粉、元宝枫化妆品等逐步进入市场。2017 年 9 月,美国食品药品管理局(FDA)批准了由中国提供原料,在美国生产的元宝枫茶、元宝枫咖啡的销售证书》,已在美国上市。

多年来的实践验证了元宝枫产业在发展壮大和创新,元宝枫种植园的效益在不断提升,元宝枫已成为高效农业的一个新品种。大力推进元宝枫资源基地建设,为民致富,为民健康,为国增绿,为国争光!

Certificate Unique ID: BVRW-Y5DZ

CERTIFICATE OF FREE SALE

1. Pursuant to the Provisions of Rule 44 of the Federal Rules of Civil Procedure, I hereby certify that the attached letter (and product list, if applicable), as described below, is a true copy of material on file in the Food and Drug Administration, Department of Health and Human Services and is a part of the official records of said Administration and Department.

Attachment Dated:
December 19, 2017
To Whom it May Concern
Regarding:
Acer Truncatum Nervonic Acid Oil (60 Softgels)

MAKINGORG, INC., 17800 Castleton St Ste 386, City Industry, CA 91748

2. In witness whereof, I have pursuant to the provisions of Title 42, United States Code, Section 3505, and the authority delegated by the Commissioner of Food and Drugs, hereto set my hand and cause the seal of the Department of Health and Human Services to be affixed this 19th day of December, 2017.

Robert Durkin, Esq., M.S., R.Ph.
Deputy Director, Office of Dietary Supplement Programs
Center for Food Safety and Applied Nutrition
U.S. Food and Drug Administration
By direction of the Secretary of Health and Human Services

THIS CERTIFICATE EXPIRES: December 19, 2019.

图 11-17 美国食品药品管理局(FDA)于 2017 年 12 月批准元宝枫酸油
(*Acer truncatum* Nervonic Acid oil)的销售证书

参 考 文 献

王性炎．优良的木本油料树———五角枫[J]．陕西林业科技，1973(1)：36-40．

王性炎．1987，中国主要树种造林技术(元宝枫)[M]．北京：农业出版社，761-765．

王性炎，吴中禄，李天笃，等．五角枫———一种优良的木本油料树[J]．油脂科技，1981(S1)：117-121．

王性炎．木本油脂的化学组成与人体健康[J]．经济林研究，1983(1)：89-95．

王性炎，刘波，梁志荣，等．元宝枫栲胶的制取、分析及应用[J]．西北轻工业学院学报，1994(3)：60-65．

王性炎，盛平想，王姝清．元宝枫开发利用研究[M]．西安：陕西科学技术出版社，1996．

李艳菊，王性炎，杨正礼，等．元宝枫种子蛋白功能特性研究[J]．西北林学院学报，1996，11(3)：41-45．

王兰珍，马希汉，王姝清，王性炎．元宝枫叶营养成分研究[J]．西北林学院学报，1997，12(4)：61-63．

王兰珍，马希汉，王姝清，王性炎．元宝枫叶总黄酮提取方法研究[J]．西北林学院学报，1997，12(4)：64-67．

王兰珍，马希汉，王姝清，王性炎．元宝枫叶有效成分动态变化的研究[J]．西北林学院学报，1997，12(4)：68-71．

李艳菊，王性炎，李鸿敏，等．元宝枫发酵酸乳加工工艺研究[J]．西北林学院学报，1998，13(3)：56-61．

李艳菊，王姝清，贾彩霞．元宝枫翅果油脂含量及积累规律研究[J]．西北林学院学报，1997，12(1)：48-52．

方文培，包士英，徐廷志，等．中国植物志(46卷)[M]．北京：科学出版社，1981，93-94．

中国科学院兰州沙漠研究所．中国沙漠植物志(第二卷)[M]．北京：科学出版社，1987，349-350．

周以良，等．中国东北植被地理[M]．北京：科学出版社，1997，55．

丁炳录，王银．大兴安岭森林与树木[M]．呼和浩特：内蒙古人民出版社，1989，357-358．

安徽经济植物志编写办公室．安徽经济植物志(上册)[M]．合肥：安徽科学技术出版社，1990，606-607．

河北植被编辑委员会．河北植被[M]．北京：科学出版社，1996，121-122．

陈汉斌，郑亦津，李法曾．山东植物志(下卷)[M]．青岛：青岛出版社，1997，594-595．

孙秀丽，田树霞．元宝槭种子休眠生理的研究[J]．林业科学研究，1991，4(2)：185-191．

王军，张用宪．元宝枫引种育苗试验初报[J]．江苏林业科技，1997，24(2)：24-26．

盛平想，郭全健．元宝枫苗木生长特性观察与壮苗培育技术[J]．陕西林业科技，1999(3)：21-22．

赵宗林．元宝枫旱区造林研究[J]．林业科技通讯，1999(1)：29-30．

胡景江，顾振瑜，文建雷，王姝清．水分胁迫对元宝枫膜脂过氧化作用的影响[J]．西北林学院学报,1999,14(2):7-11.

顾振瑜,胡景江,文建雷,王姝清. 元宝枫对干旱适应性的研究[J]. 西北林学院学报,1999,14(2):1-6.

顾振瑜,文建雷,胡景江,王姝清. 应用 P—V 技术对元宝枫水分生理特点的研究[J]. 西北林学院学报,1999,14(4):14-22.

申卫军,张硕新,刘立科. 几种木本植物木质部栓塞的日变化[J]. 西北林学院学报,1999,14(1):22-27.

王性炎,李艳菊. 元宝枫栽培与加工利用[M]. 西安:陕西人民教育出版社,1998.

王性炎. 王性炎学术论文集[M]. 成都:四川民族出版社,2001.

赵砺,赵荣军,李增超. 元宝枫木材的构造、性质及用途[M]. 西安:陕西科学技术出版社,1996,112-115.

李艳菊,杨正礼. 元宝枫嫁接技术研究[J]. 陕西林业科技,1996(3):12-14.

王性炎. 元宝枫的开发与利用策略[J]. 林业科技管理,1998(2):26.

王性炎. 科尔沁沙地元宝枫林亟待保护[J]. 中国林业,2004(22):37.

王性炎,王姝清. 神经酸新资源——元宝枫油[J]. 中国油脂,2005,30(9):62-64.

王性炎,樊金栓,王姝清. 中国含神经酸植物油开发利用研究[J]. 中国油脂,2006,31(3):69-70.

王性炎,李艳菊,王姝清. 食品蛋白新资源——元宝枫蛋白[J]. 中国油脂,2007,32(8):30-33.

王性炎. 加快木本油料发展保障食用油供需安全[J]. 中国油脂,2009,34(9):1-4.

李仲善,王性炎. 发展元宝枫引领农民走生态木本农业致富之路[C]//周远清. 中国特色农业现代化与西部大开发论文集. 杨凌:西北农林科技大学出版社,2010.

王性炎. 我国西部生态环境脆弱地区应大力发展木本农业[M]//王立祥,罗志成. 增进农业发展能力再创陕西农业辉煌. 杨凌:西北农林科技大学出版社,2005:283-294.

王性炎,王姝清. 神经酸研究现状及应用前景[J]. 中国油脂,2010,35(3):1-5.

王性炎,王姝清. 新资源食品——元宝枫籽油[J]. 中国油脂,2011,36(9):56-59.

王性炎. 我国应重视神经酸植物的发展与利用[J]. 中国油脂,2011,36(11):52-54.

王性炎. 化妆品工业的优质原料——元宝枫油[J]. 中国油脂,2013,38(7):5-7.

罗延红,王姝清. 美国"罗伦佐油"(Lorenzo's oil)的启示[J]. 中国油脂,2014,39(7):1-4.

王性炎. 中国元宝枫[M]. 杨凌:西北农林科技大学出版社,2016.

附录一
"元宝枫开发利用研究"成果鉴定证书

科学技术成果鉴定证书 （格式）

编号（ 54 ）　　　鉴字054号

成果名称：　**元宝枫开发利用研究**

研究试制单位：　西北林学院

主要协作单位：　西安医科大学　西北轻工业学院

鉴 定 形 式：　会议鉴定

组织鉴定单位：　陕西省科学技术委员会

鉴 定 日 期：　1994年6月24日

一、成果简要说明及主要技术指标

本课题为陕西省科委科研项目（编号：91K09—G_2）和省农办农村科技进步重点项目。

1、首先对元宝枫果实的化学成分进行了比较系统的分析研究，为产品的深度开发研究提供了理论依据。

2、在国内率先对元宝枫的早实丰产栽培技术，进行了比较系统的研究，为元宝枫工业生产资源基地建设奠定了基础。

3、为我国皮革工业和纺织印染工业，提供了一种优质单宁。高活性单宁的提制工艺已经中国专利局审查批准，国家专利申请号：93119018.5。元宝枫栲胶产品，经林业部林化产品检测中心检验，达到国家同类产品优等指标。

4、元宝枫药用开发完成了开创性基础研究。元宝枫的生药学特性研究，为药用质量标准的制订提供了科学依据。元宝枫单宁的药理作用试验表明，其具有非常明显的镇痛、抗凝血和止泻等药理作用，可以研制出相应的抗脑血栓等新药。元宝枫油进行抗肿瘤作用研究的结果表明，其不仅能对肿瘤细胞有抑制作用，同时能促进新生组织生长，对体细胞有修复作用。毒性实验证明，元宝枫油无毒副作用，完全有希望开发为一种高效、无毒的抗癌新药。

二、推广应用前景及效益预测

该成果不但有较高的理论性，而且有先进的技术性和实用性。元宝枫是集油料、鞣料、蛋白资源、药用、化工、观赏、水土保持、特用材多效益为一树的重要经济树种。

1 亩元宝枫=1.4 亩菜籽油+1 亩大豆蛋白质+0.5 亩黑荆树单宁+0.5 亩用材林。

采用早实丰产技术可获得显著的经济效益。每亩栽植 110 株嫁接亩，三年后可产翅果 1000 公斤（单株产量 0～10 公斤），机械脱粒后可得种仁 500 公斤、果壳 500 公斤、可生产元宝枫油 150 公斤、单宁 140 公斤、酱油 1800 公斤。每亩产值以最低价格计算可收入 6000 元，纯利润 3000 元以上。若以医用保健油和药用单宁开发利用，产值将增加 10 倍以上。

集约经营 1000 亩元宝枫，年产翅果 50 吨，可建立一个中小型综合加工厂，设备投资约 20 万元（还可兼用于菜籽、棉籽榨油、其它食用植物油的加工），年产值达 600 万元以上，可获得显著的经济效益和社会效益。

三、鉴定意见:

《元宝枫开发利用研究》鉴定意见

"元宝枫开发利用研究"是由西北林学院主持,西安医科大学药学系和西北轻工业学院应用化学研究所协作完成的陕西省科委的科研重点项目(编号: 91K09-02),也是陕西省农办的农村科技进步重点项目。省决策咨询委员会、杨陵农业科技开发基金委员会列项给予资助。1994年6月24日,由陕西省科委和省农发办共同组织有关专家教授在西北林学院对该项目进行了鉴定。鉴定委员会详细审查了试验研究技术资料,听取了工作总结、研究技术总结报告和中间试验情况汇报,并观看了产品,经过认真评议研究,一致认为:

1、元宝枫在我国历来作为庭院和行道绿化树种,在我国长江以北等地广为栽植。该项研究在国内率先对元宝枫果实的化学成分和早实丰产栽培技术,进行了比较系统的研究,为产品的深度开发利用提供了科学依据,为元宝枫工业生产的资源基地建设奠定了基础。

2、创造了先进的低温高效提制元宝枫栲胶新工艺,已经过中间试验,可以用于这项产品的生产开发。该工艺已经中国专利局审查批准。元宝枫栲胶产品,经林业部林化产品检测中心检验,各项定级指标均符合《黑荆树栲胶》国家标准中所规定的特级品质量要求。元宝枫种籽榨油工艺,前后进行了三次生产试验,产量和质量稳定。

3、元宝枫栲胶在制革工业和纺织印染固色中的应用试验成功,为我国轻、纺等工业提供了一种优质单宁新资源。

4、元宝枫药用开发完成了开创性基础研究。元宝枫的生药学特性研究,为药用质量标准的制订提供了科学依据。元宝枫单宁的药理作用试验表明,其具有非常明显的镇痛、抗凝血和止泻等药理作用,可以研制出相应的抗脑血栓等新药。元宝枫油进行抗肿瘤作用研究的结果表明,它不仅能对肿瘤细胞有显著抑制作用,同时能促进新生组织生长,对体细胞有修复作用。毒性试验表明,元宝枫油无毒副作用,完全有希望开发为一种高

三、鉴定意见:

效、无毒的抗癌新药。

5、该项综合研究,将一个绿化树种开发为集油料、鞣料、新蛋白质资源、药用、化工等多效益为一树的重要经济树种,其研究成果是显著的。完成了十一篇研究报告,已获准一项专利申请。产品开发利用研究获1993年"陕西省第三届科技成果交易会"金奖。早实丰产栽培技术正在宝鸡地区、江苏省宿迁市等地推广应用。

综上所述,该项研究由多学科配合,研究路线正确,方法科学,系统深入,资料齐全,数据翔实,在林产新资源综合开发利用领域中居国内领先地位,国外也未见报道,达到了国际同类研究的先进水平。

建议本项研究成果作为重大成果上报。

鉴定委员会负责人(签字):

鉴定委员会主任: 崔铁勇

副主任: 张华龄

副主任: 邹年根

一九九四年六月二十四日

四、主持鉴定单位意见：

同意鉴定委员会意见

五、组织鉴定单位意见：

同意鉴定意见

七、主要研究人员名单

序号	姓名	年龄	文化程度	所学专业	职务职称	工作单位	对成果的创造性贡献
1	王佳辰	60	大学	经济林	教授	西北林学院	项目主持人，完成各项研究及中间试验
2	贾浪冲	36	大学	药物分析	副教授·系主任	西安医科大学	完成药用开发研究
3	吕居娴	60	大学	生药学	教授	西安医科大学	完成药用开发研究
4	李仲谱	42	大学	应用化学	副教授	西北轻工业学院	完成单宁应用研究
5	王铢清	56	大学	生理生化	教授	西北林学院	协助主持人工作并完成化学成分研究
6	李艳菊	30	大学	经济林	讲师	西北林学院	协助完成丰产栽培技术培研究
7	孙波	30	大学	经济林	讲师	西北林学院	协助完成单宁制取工艺研究及中试
8	樊金柱	35	大学	经济林	讲师	西北林学院	参加部分产品开发的中间试验
9	梁志荣	46	大专	机械设计与制造	工程师	西北林学院	参加单宁制取中间试验
10	陈陕山	37	大学	林学	助理研究员	西北林学院	参加部分中间试验
11	贾彩霞	29	大学	经济林	助教	西北林学院	参加丰产栽培技术研究
12	王成吉	32	大学	林学	助教	西北林学院	参加部分中间试验

八、鉴 定 委 员 名 单

鉴定会职务	姓名	工作单位	所学专业	现从事专业	职称职务	签名
主任委员	蓝智再	林业部	林学	资源管理	教授级高工	
副主任委员	张华龄	林业部	规划设计	资源管理	教授级高工	
副主任委员	邹年根	陕西省林业厅	森林经营	森林培育	副研究员	
	刘铁伯	西安医科大学	药物学	药物学	教授	
	沈良骥	西安轻工业学院	应用化学	应用化学	教授	
	商洪生	武功农科中心	植病	植病	教授	
	康文明	陕西省科委	农学	成果管理	教授	
	李元福	西北农业大学	农产品加工	食品加工	主任工程师	
	张仰渠	西北林学院	林学	森林生态	教授	
	胡芳名	中南林学院	林木育种	经济林	教授	
	何方	中南林学院	造林	经济林	教授	

附录二
"干旱区元宝枫丰产栽培及产业化技术研究"
子专题中期检查评估

"九五"国家科技攻关项目

子专题中期检查评估意见

96-017-04"干旱区优良抗逆植物选繁及产业化技术研究"专题

子专题编号	96-017-04
子专题名称	干旱区元宝枫丰产栽培及产业化技术研究
承担单位	西北林学院
技术负责人	王性炎

评估意见:

　　子专题紧密结合示范区特点和产业化技术,在试验示范基地建设及元宝枫产业化进程研究等方面,取得了较好成果。研究目标符合当前社会经济发展需求。研究中采取已有成果应用与新技术研究相结合、研究示范与生产相结合的合理技术路线,各项研究内容在各个试验点全面展开,进行顺利。

　　该子专题依靠宝鸡市林业局,以私营企业投入资金、科研单位投入技术形式,在联合建设勉县石质山地元宝枫丰产示范基地中作出了突出成绩,研究设计出元宝枫翅果专用脱粒机,并委托电子工业部39所试制样机一台,经生产性试验效果良好,同时完成了元宝枫种籽机械压榨制油中间试验,元宝枫保健茶等系列产品的研制和产业化开发。该子专题在研究中采取多方合作,互惠互利,共同开发元宝枫产业,再加之元宝枫产品具有一定的市场潜力,其攻关后劲较大。

　　希望在今后的科学研究中,继续保持其良好的研究势头,同时注重元宝枫系列产品的功能宣传、市场预测及市场开拓工作。

建议续签合同
组织部门意见:

　　　　　　　　　　　　同意中期检查评估意见。

　　　　　　　　　　　　　　　　　国家林业局科技司
　　　　　　　　　　　　　　　　　1998年8月

检查组成员名单

职责	姓名	性别	职称、职务	单 位	签 字
组长	江泽慧	女	教授、院长	中国林科院	
副组长	王礼先	男	教授	北京林业大学	
成员	高尚武	男	研究员、国务院参事	中国林科院	
成员	刘效章	男	高级工程师、秘书长	国家林业局科技委	
成员	申元村	男	研究员	中国科学院地理所	
成员	朱金兆	男	教授、副校长	北京林业大学	
成员	黄鹤羽	男	研究员	中国林科院	
成员	冯仁国	男	博士	中国科学院资环局	

"九五"国家重点科技攻关

林业项目重大成果汇编

·荒漠化治理·

国家林业局科学技术司　编

中国林业出版社

图书在版编目（CIP）数据

"九五"国家重点科技攻关林业项目重大成果汇编．荒漠化治理/国家林业局科学技术司编．—北京：中国林业出版社，2001.4

ISBN 7-5038-2781-5

Ⅰ．九…　Ⅰ．国…　Ⅲ．①林业-科技成果-汇编-中国-1996～2000 ②沙漠治理-科技成果-汇编-中国-1996～2000　Ⅳ．S7

中国版本图书馆 CIP 数据核字（2001）第 021609 号

"九五"国家重点科技攻关林业项目重大成果汇编·荒漠化治理

出版　中国林业出版社（100009　北京西城区刘海胡同7号）
E-mail：cfphz@public.bta.net.cn　电话：66184477
发行　中国林业出版社
印刷　北京地质印刷厂
版次　2001年4月第1版
印次　2001年4月第1次
开本　787mm×1092mm　1/16
印张　5.75
插页　12
字数　140千字
印数　1～1000册

定价　100.00元（共三册）

编 辑 委 员 会

第四篇　　　植物材料产业化技术

元宝枫丰产栽培及产业化技术

成果认定时间：2000 年 12 月 19 日
成果所属专题编号：96—017—01—04
成果主要完成单位：西北农林科技大学林学院、西安交通大学药学院、西北轻工业学院、陕西
宝鸡市林业局、元宝枫药业发展有限公司
成果主要完成人员：王性炎、贺浪冲、王林清、吕居娴、李仲谋、孙 波、李艳菊、樊金栓、
马希汉、高锦明、盛平愿、寇 军、王兰珍、郭全健、赵思岐

一、成果内容概述

元宝枫（*Acer truncatum*）是槭树科槭属（*Acer*）植物，又名元宝槭、华北五角枫，因
翅果形状像中国古代"金锭"而得名。我国历来作为观赏绿化和行道树在长江以北等地广
为栽植。

该项研究在国内外首次对元宝枫果实和树叶的化学成分进行了系统的分析研究，揭示
出其种子富含油脂（48％）和蛋白质（27％），而不含淀粉的特殊化学组成，为开发新油原
和蛋白质新资源提供了科学依据。元宝枫种子皮含 60％的优质缩合类单宁，在植物鞣料中是
罕见的。研究发现元宝枫树叶中含有多种与人体健康有关的活性成分，不仅含有丰富的维
生素、矿质营养元素、超氧化物歧化酶（SOD）、全面的氨基酸组分，还富含绿原酸、黄酮、
强心甙等成分。研究证明元宝枫具有很高的综合开发利用价值。

创造了低温高效法提制药用单宁和黄酮的先进工艺，在湖南省林产化工重点实验室和
秦岭野生植物化工厂完成了中间试验，中试产品经检测质量优良。研制出元宝枫翅果专用
脱粒机，完成了元宝枫种子榨油的生产试验，平均机榨出油率为 36％，最高可达 38％。利
用榨油后的油粕酿制优质酱油获得成功。研制出"元宝枫茶"，其保健效用可与银杏茶比美，
"元宝醇"饮料已上市。

总结出一套元宝枫育苗和丰产栽培技术，在陕西、山西、江苏、四川、云南、河南、山
东、安徽、重庆 10 个地区推广应用。

二、成果关键技术、主要技术经济指标与国内外同类技术的比较

1. 元宝枫育苗和栽培技术

(1)元宝枫壮苗培育技术　播种育苗种子催芽处理、单位面积播种量和留苗量、抚育和管理。营养繁殖苗培育，包括选择优良单株、插穗和接穗的采集和处理、扦插技术、嫁接技术、苗木培育和管理等技术。

(2)果实丰产栽培技术　在培育壮苗的基础上，合理密植、整形修剪、科学施肥、改良土壤和环割等技术措施，达到早实、丰产。

成果创新性：传统采用播种育苗，实生苗生长缓慢，干形扭曲不直，且结实期需7～8年。"九五"以来，我们成功地解决了嫁接育苗、扦插育苗和平茬育苗技术，营养繁殖苗木无论地径和高生长均优于实生苗，嫁接苗提前3年结实。

2. 元宝枫果实专用脱粒机

在对国内普遍应用的粮食脱粒机械进行综合分析的基础上，根据元宝枫为不规整形翅果的特点，研究设计出既能脱去果皮，又能脱出种皮的元宝枫专用脱粒机。试制出我国第一台翅果型专用脱粒机。

整机尺寸：（长×宽×高）200 cm×90 cm×135cm

机具重量：1 400kg

脱粒效率：200kg/h

脱皮率：90%以上

破碎率：5%以下

3. 元宝枫油的营养价值与制油工艺

(1)元宝枫油的营养价值　元宝枫油的物理化学性质与脂肪酸组成的测试结果表明，它与通常食用的芝麻油和花生油的脂肪酸组成近似，必需脂肪酸的含量高。可用于炒菜、煎炸食用。热榨的元宝枫油用作口服保健油，口感优于沙棘油，无异味。元宝枫油中脂溶性维生素含量丰富，维生素E含量很高，抗氧化性能好，比沙棘油、核桃油耐贮藏。

(2)制油工艺　通过对原料的预处理，控制好原料的破碎程度、蒸炒温度、进料量、入榨温度和保持榨机的负荷稳定等工艺参数，7次重复榨油结果表明，平均出油率为36%，最高可达38%，较过去土榨出油率提高8%。在同等条件下，比油菜籽出油率高出5个百分点（表1）。

表1　元宝枫种仁榨油

编号	种仁量 (kg)	蒸炒温度 (℃)	蒸炒时间 (min)	出油量 (kg)	出油率 (%)
Ⅰ	55	80	40	19.50	35.45
Ⅱ	55	85	40	20.50	37.27
Ⅲ	55	85	40	19.25	35.00
Ⅳ	55	85	30	19.50	35.45
Ⅴ	55	85	30	19.10	34.73
Ⅵ	55	90	40	19.90	36.18
Ⅶ	55	100	40	21.15	38.45
平均	55			19.48	36.07

4. 元宝枫单宁的提制及应用

用元宝枫果壳提制单宁，先将果壳粉碎，低温浸提，过滤清除滤渣，将滤液浓缩，喷雾干燥以制得元宝枫栲胶。

本工艺提供了一个制取优质缩合类栲胶——元宝枫栲胶的适宜工艺。

5. 元宝枫叶化学成分的研究

首次对元枫树叶的化学成分进行了全面系统的分析研究，研究发现元宝枫叶中含有多种生物活性成分（表2）。

表2 元宝枫叶的营养成分含量

营养成分	含量（%）	营养成分	含量
含水量（风干叶）	11.39	花青素	4.33mg/g
总糖量	8.65	儿茶素总量	6.74mg/100g
可溶性糖	5.32	SOD	96.97μg/g
还原性糖	3.33	维生素C	10.40mg/100g
总酸（以苹果酸计）	0.77	维生素B_1	0.27μg/g
矿质元素	10.42	维生素B_2	5.43μg/g
单宁	11.4	维生素E	14.22mg/100g
类胡萝卜素	0.464		

研究发现元宝枫叶中黄酮和绿原酸的含量较高，但随季节变化而升降（表3）。

表3 元宝枫叶中不同月份总黄酮、绿原酸含量变化

月 份	4	5	6	7	8	9	10	11
总黄酮含量（%）	2.55	4.14	5.46	3.15	5.79	5.01	5.00	3.92
绿原酸含量（%）	2.18	2.18	4.83	3.54	3.38	1.96	1.69	1.72

同时研究发现元宝枫叶中含有丰富的矿质营养元素和全面的氨基酸组分。表明元宝枫叶有很高的营养价值，值得大力开发利用。

6. 元宝枫茶的试制

1997年，西北林学院与勉县秦巴山经济技术研究所协作，以元宝枫叶为原料，首次在勉县茶厂研制出"元宝枫"茶。在海拔较高的山区建立的元宝枫茶园，采摘加工制成的元宝枫茶，没有污染、风味独特、功效神奇，经过近千人饮用后反映很好。

7. 元宝枫叶总黄酮的提制

为了开发利用元宝枫叶中的黄酮，进行了从元宝枫叶中提取黄酮方法的研究。随后在湖南省林产化工重点实验室和秦岭野生植物化工厂进行了中试（表4）。

表4 提取黄酮的不同方法比较

序号	叶重（g）	提取法	提取物（g）	提取率（%）	黄酮含量（%）	提取物颜色
1	50	热水提取法	0.36	0.72	14.2	淡黄色
2	50	碱性水液提取法	2.08	4.16	13.8	褐黄色
3	50	70%乙醇提取法	6.10	12.20	35.0	杏黄色
4	50	60%丙酮提取法	9.96	19.92	55.7	杏黄色
5	50	甲醇提取法	0.84	1.69	23.7	杏黄色

· 74 · "九五"国家重点科技攻关林业项目重大成果汇编

比较看来，70%乙醇提取法克服了水提法存放易霉变等缺点，具有得率及总黄酮含量较高，后续的过滤、回收溶剂、干燥等操作也比较容易等优点。

中试工艺流程：

元宝枫叶→粉碎→低温提取→离心过滤→浓缩→萃取→浓缩回收乙醇→粗黄酮（含量35%）→吸附分离→减压浓缩→冷冻干燥（或喷雾干燥）→黄酮（含量52%），吸收率为4.65%。

三、成果的适用范围、应用的必备条件

《中国植物志》记载：元宝枫为中国特有树种，主要分布在吉林、辽宁、内蒙古、河北、山西、山东、江苏北部、河南、陕西、甘肃等地。生于海拔400～1 000m疏林中。西北农林科技大学林学院研究发现，元宝枫根部具有两类菌根，一类是固磷的VA菌根，另一类是外生菌根，两类菌根兼有在木本植物中并不多见。元宝枫具有很强的抗逆性，能耐−25℃低温，耐干旱和瘠薄土壤，抗风。在当今水资源不足和大面积土地磷资源缺乏的情况下，发展元宝枫将会产生可观的生态、社会和经济效益。

四、成果的推广应用情况

该项研究在"九五"期间得到及时辐射和推广。元宝枫壮苗培育和丰产栽培技术，在陕西宝鸡和汉中勉县分别建立了示范样板之后，迅速辐射到江苏、山西、江西、河南、山东、安徽、云南、四川和重庆10个省、直辖市。陕西育苗3 000余亩，造林8.2万亩；山西育苗近3 000亩，造林6万亩；四川造林3.8万亩；云南造林3.2万亩；江苏、河南、山东、安徽、重庆共造林近5万亩。目前，元宝枫荒山造林面积已突破26万亩，仅陕西和山西两省经营元宝枫种子和苗木，两项直接经济收入即达4 500万元以上。

随着元宝枫系列产品的不断开发，由于其潜在巨大的经济效益和社会效益，吸引了一批有远见的企业家从城市进军山区，主动投资兴建元宝枫资源基地和产业化开发。

为了促进元宝枫产业的持续稳定、健康发展，经国家杨凌农业高新技术产业示范区管委会批准，于2001年2月26日在杨凌农业科技城建立"杨凌示范区元宝枫开发示范中心"，以协调全国10个省、直辖市元宝枫的良种选育、苗木繁殖、工程造林、产品开发的示范、推广和人才培训工作。

五、成果推广应用前景和效益分析

元宝枫是新开发的一种优质食用植物油和蛋白质新资源，果壳中的单宁又是我国大量进口的黑荆树单宁的同类产品和药用单宁。树叶是提制绿原酸、黄酮的优质原料。其木材又是高级工艺材和装饰材。这种集多种效益为一体，且适应性很强的水土保持树种和观赏树种，在国内适生区推广和应用，将会成为我国高效农业的一个新品种，成为生态经济农业的佼佼者。

根据初步测算，开展元宝枫综合开发，其1亩地的总收入可达到4.335万元，因此该成果的推广应用前景十分广阔。